布藝迷必備の
日雜系原創布包 DIY 全圖解

森林女孩創意布包 全新修訂版・附30款紙型＋20分鐘教學DVD

麻 球◎著
廖家威◎攝影

幸福＆溫暖調成的美好生活

麻球是我專欄的作者之一，
每次處理她的稿子看到她的作品，
總有種「她還真閒啊」的感覺，呵呵！
但她的手作品給人一種溫暖的感覺，
可以在那裡面體會到她對生活的用心及玩心！
最重要的是，還有我最欣賞的日式歐夏蕾感！
我相信背上她教做的環保包絕對讓你走路都有風！

魏伶如

────── 自由時報家庭親子版・主編

點子滿載的感動手作

該怎麼製作一顆麻球呢？
30%柔軟舒適的純羊毛線，加上30%的親膚純棉，
然後10%的溫柔、10%的愛心、10%的堅持，還有10%的爆笑創意！
登登登登…！一顆麻球大功告成！
這是我眼中的麻球，天然舒適無添加，偶爾還有令人噴飯的絕妙點子，
讓我們在這個忙碌的世代中也能品味手作帶來的暖暖感動。

Sandy

────── MY LOHAS 生活誌・編輯

創意人生的生活美學

在 Happy Make 中，遇見了麻球與小球球，從挑布到配色中就開始互動著。

在溝通意見與討論構想後，創作出簡約樸實，極具功能及創意的作品。

感謝麻球能把作品規劃出書，與大家分享，

讓手作的朋友們能在學習設計中，日漸精進。

另一種生活美學，正因大家不斷的創作而更加豐富，

樂在學習，自信的人生由此開始…加油吧！正努力的朋友們…

暖暖

—————— 鳥居紡布匯

⌒⌒ ••• 麻球的（手作）生活雜雜唸

1. 是什麼時候開始愛上手作的布包呢？

。恩。我之前是喜歡皮革包包，大都是剪裁簡單款的設計，顏色多選擇摩卡色系，使用上的缺點是重量較重。而愛上布包是這2年，我覺得布包給我的感覺就像溫暖的家吧！會有這樣的感受•••是在有1年的夏末，我在自己家的陽台整理清洗乾淨要晾曬的布包跟抱枕，看著陽光穿透過玻璃窗照，射在布包的光線竟是如此溫暖呢！這也是我愛上布包的原因。

汪又包包啦，麻球也要弄亂那個

↑ 我的皮革包。

↑ 我的小錢包。

2. 你的生活都要（袋）著出門的。

因為製作了這本書•••只要一出門小散步我就會拿著相機拍下每個人（袋）著出門的包包是怎樣的款式？顏色？質料？手拿的姿態？臉上的表情？•••等等。看著也感受到（袋）與人的生活是一種不可缺少的陪伴呢！

女生的格子包

男生的帆布背包

個小女生的散步包

小狗狗的包。

媽媽的皮革包

男生的散步包

3. 手作的樂趣 ⊹ 創意 ⊹ 生活態度

在這本書裡一口氣 呸 四個人設計了 ③⓪ 款ㄟ包，每一款都有它的生活故事喔！ 我比較習慣把物品當自己的家人來看待，每日提著(袋)一起出門就像家人陪著我呢！可以一起悠閒的散步，一起享受美味時光，一起(袋)回可以與家一起生活回憶的物品，或一個人獨自去旅行．．．擁抱著它就有種安心與溫暖的感覺呢，尤其是靠自己的雙手去縫製而來的包就更不一樣喔。

 一起吧。
 散步去。
 一起帶回的美味。

4. 生活會因此保持美好的原因？

那是因為自己的心裡一直住著一位樂觀的 世 ，還有些小淘氣且純真的麻吉，我想只要心裡一直保持如此般的心就會一直擁抱美好的喔！創作也是，花一些時間來玩手作也是，只需簡單的進行著屬於你自己頻率的生活．．．一切的一切都日日美好了～

and do everything,
everything in the name of the living.

↑看看風景尋找創意。

↑散步是美好生活的開始。

↑改造充滿樂趣。

目 録  Contents

Part ①

每一天・都是包包的手作季節
Handmade season

Part ②

外出・散步の包
Enjoy life

Part ③

居家・實用の包
My sweet home

Part 4

收納・生活の包
Life style

Part 5

改作・創意の包
Fun handmade

Part 6

How To Making

Part

1

每一天,都是包包的手作日

Handmade Season

本單元有詳細的工具、素材解說,

及包包獨創針法和製作技巧,

就算沒有縫紉機也能開心做布包。

工具‧素材大蒐集

包包是女孩兒們的好朋友，可以隨著心情的變化，帶著不同的包包出門散心，這也是包包最吸引人的地方，在製作包包前，先了解各種工具及布料的運用，你也可以和麻球一樣做出溫暖感動的包包喔！

⚙ 工具

1. **大剪刀**：裁布。
2. **小剪刀**：製作細部或修剪小物件。
3. **髮夾**：可用來穿引鬆緊帶或麻繩，無須再另購工具喔！
4. **水彩顏料**：繪布專用的顏料，構圖完成後需用熨斗加熱熨燙使顏色固定不褪色。
5. **針**：手縫刺繡。
6. **細水彩筆**：繪圖用。
7. **色鉛筆**：用於深色布，方便繪圖做記號，加以裁剪，若是淺色布用一般鉛筆即可。
8. **消失筆**：筆頭有兩端，紫色一端可做記號，白色一端可擦拭，用於布上做記號。
9. **絲針、珠針**：可依個人習慣選擇比較好握的工具，用於暫時固定布片來假縫或裁布，能增加製作時的速度。
10. **捲尺**：方便收納，是量布及製圖的好幫手。
11. **羊毛氈針**：針端有特殊節點可將羊毛氈化塑成形。
12. **粗手縫針**：穿上粗線，可用來縫製較硬皮革或厚布料。

⚙ 縫紉機

縫紉機是手作族必備的專用機材，若經濟上許可的話，建議購買萬元以上的縫紉機，在品質與使用上也會比較有保障喔！

⚙ 繩‧線

1. **尼龍繩**：若不想讓有顏色的線外露時，可選擇這款透明線，在線的專賣材料店可買到。車縫時可以使用，也能以釣魚線來取代喔！
2. **粗、細麻繩**：運用很廣泛，用於手縫、編織或紙類雜貨一起配置設計，都很有手工感喔，可在手工藝材料店、文具店買到。
3. **手縫線**：車縫刺繡用，可在線的專賣材料店購買。

⚙ 素材

1. **皮質提把**：在手工藝材料店可買到。或者利用自己的二手包包的提把、皮帶來使用也很有復古感喔！
2. **口金**：有多種尺寸的口金可選擇，可到手工藝材料店挑選購買。
3. **寶特瓶**：可用寶特瓶任意的剪一個形狀，就是獨一無二的造型喔！不僅環保也無需多花費用去購買材料。
4. **L型文件夾**：如果你不擅長畫畫，可以剪下L型文件夾上的可愛圖案，縫製在包包上就是現成的圖案。
5. **夾鏈**：可利用一般保鮮食物的夾鏈袋。原本有髒污要丟棄的夾鏈袋，可將夾鏈袋口保留再利用，就是一個包包的環保新素材喔！
6. **毛球**：可愛的毛球可以利用在布包上做為裝飾，可自己製作或是到手工藝材料店購買。
7. **羊毛**：可在專賣羊毛氈的材料店買到，需搭配工作墊、羊毛針使用，能將可愛的玩偶或毛球針氈在布品上。
8. **棉花**：用於製作玩偶或是需要填充雜貨的布品上，使圖案看起來更有立體感及存在感。
9. **蕾絲、緞帶**：裝飾用，有各種不同的造型可增添布包的質感，可在手工藝材料店購得。
10. **碎布**：多餘的小碎布不要丟掉，加以應用後，也能成為很好的素材。
11. **拉鏈**：分為會移動的拉鏈頭（或叫拉片），以及讓拉鏈停住的止鐵片。
12. **鐵釦**：有分上釦及下釦，尺寸有多種選擇，可直接縫在包包上作為固定。
13. **塑膠包釦**：分上釦及下釦，可選擇喜歡的布縫在包釦上（包釦作法請參考P.16）。
14. **D型釦**：縫於包包的兩側，用來固定皮革提把。
15. **造型釦**：種類、尺寸及材質有很多選擇，可在釦子專賣店或手工藝材料店購得。
16. **髮帶**：利用彈性鬆緊帶的特性，可當做包包的扣環袋（請參考P.103），可愛的造型搭配起在包包上很別緻，可到美妝用品店購買。
17. **裝飾湯匙**：將木湯匙與布包一起配置的效果很有生活感喔，可在生活雜貨店買到。

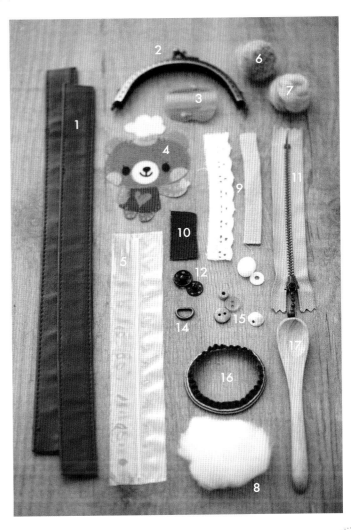

布包最大的特色就是方便清洗跟保存。而且會因為布料的不同，傳達出不同的風格與質感。如果袋子的布料為毛料，天冷時可以直接抱著布包取暖；像帆布、麻布、薄棉，四季都很適合製作，接下來帶大家了解布的基本小常識，大家可以選擇適合的布料，來創作出溫暖且具機能性的布包包。

⚙ 布料延展性大不同

每種布料有不同的紋路和延展性，完成後的作品各有不同的感覺，購買時可以看布的密度，如果織紋比較粗就比較能看出布料是橫紋或直紋，可以用手輕輕拉扯布來分辨紋路，除了在視覺上會有不同效果，在製作的過程中，創意都是不受限制的喔！

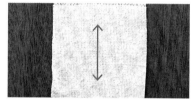

1.直紋布
左右拉時沒有彈性，有彈性棉布不在此限，視覺上有拉長的效果。

2.橫紋布
左右拉時有一點點彈性，有彈性棉布不在此限，視覺上有加寬的效果。

3.斜紋布
左右扭轉彈性極佳，大多利用在包邊、製作有弧形的包包，或是服飾能讓穿著伸展時更舒適。

如何分辨「表布」與「裡布」？

布料都是由縱橫編織而成的，不管是用何種紋路來製作，都有它的特色與功用。不過偶爾使用布的反面來做包包，也有另一種風味，大家可以試試看喔！

1.表布
由布端的小洞來辨別，凹下去的為布的正面，觸感較光滑。

2.裡布
裡布由布端的小洞來辨別，凸出的為布的反面，線節較多。

麻球 雜雜唸

若購買的布端沒有明顯的孔洞能分辨出正反面，可先詢問店家，麻球會隨身帶小貼紙，確定好布的正反面後，就貼上小貼紙標示好，回家開始製作時就不會思考到底哪面是正面還是反面了。

特色布料大集合

想要有柔軟的布包，可選擇薄棉布當袋子的表布，裡布則選擇硬質料的帆布。若喜歡硬挺的布包則相反配置，如此一厚一薄的布料搭配，還可以省下再選購內襯的費用喔！或者布料較挺的帆布也可不搭內裡，直接以包邊的方式來製作。大家可以依布的特性質感來做選擇。

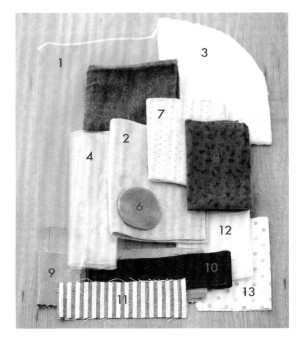

1.網布：可利用超市販售的蔬果網袋，製作成袋子用來儲存蒜、薑、辣椒等，通風又實用喔。

2.羊毛布：布料厚且暖和，作出的包包很溫暖喔。

3.毛粒布：就像綿羊的毛一樣，有一粒一粒的感覺，非常可愛。

4.PVC透明布：防水材質，在居家五金材料店可買到，或是生活中也很容易取得。

5.毛料布：製作布雜貨，玩偶，小配件裝飾等都很適合，材質較厚且溫暖。

6.不織布：有分厚、薄的材質，顏色也很多樣化，可依自己的喜好選擇。

7.有彈性棉布：彈性及吸水力佳，材質較薄，可當作裡布或是做成小吊飾。

8.絨布：布料有厚度，材質很溫暖，當作裡布或表布都很適合製作包包。

9.帆布：材質較硬挺，做成布包後作品立體不容易變形。

10.牛仔布：布布行可買到，也可以用家裡二手或穿不下的牛仔褲，為包包增添不同風味。

11.棉麻布：顏色自然，能製造出日式雜貨的風格，用來做小配件或包包都會有舒服的感覺。

12.鬆餅布：有一格一格的紋路很可愛，用針線繡上小圖案很有手作感。

13.無彈性棉布：布料較薄，沒有彈性，用來作裡袋或外袋都很適合。

基本縫法教學

學會基本縫法後，不管是要製作包包或是生活手作就能非常得心應手，快來學學喔！

收針
用在縫線收尾的打結，縫在表布正面將結露出來也很有手工感喔！

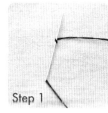

Step 1
將線繞針一圈。

Step 2
將針抽出即打結完成，再把多餘的線剪掉即可。

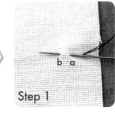

平針縫
可自訂距離一上一下地縫製，可運用在繡圖案、貼合、假縫、皺褶的縮放。

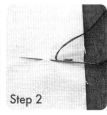

Step 1
從反面入針，從a點挑起約0.3cm的布，從b點出針即完成一針。

Step 2
重覆Step1的動作，每針距離約0.3cm，一直縫到最後。

Step 3
在反面打結收針即完成。

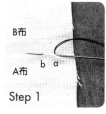

Step 1
由A布的反面入針，挑起約0.3cm的布，由a點縫到b點即完成第一針。

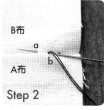

Step 2
A布的b點對應到B布的a點下針，再由B布的a點穿過b點即完成第二針。

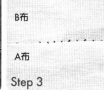

Step 3
一針在上一針在下，就能把縫線隱藏起來，稍微用力拉線，使AB布密縫。

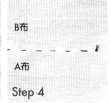

Step 4
在背面打結即完成。

隱針縫
ㄇ字形的縫法，在對應的位置縫合，線拉緊時二塊布密合，用在缺口的接合以及接縫上可讓縫線幾乎看不到。

4

回針縫

一直重覆縫回上一個出針處，有連續的效果，縫完後看起來是沒有斷的縫線，能夠很牢靠地將二塊布結合，可取代車縫的直線，也可用於縫布偶的表情或繡圖喔。

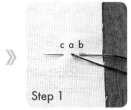

Step 1

由背面出針為a點，再由b點縫到c點，即完成第一針。

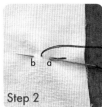

Step 2

往後退縫上一個出針處，從a點縫到b點，一直重覆縫到最後。

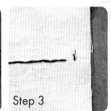

Step 3

在反面打上結就好囉。

5

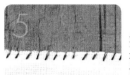

捲針縫

在兩片布上，一直重覆同一方向縫，如果布片虛線很多想要手縫布邊時，也可使用此針法。

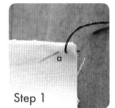

Step 1

從背面入針，旁邊間隔約0.3cm處為a點，穿過即完第一針。

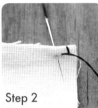

Step 2

一直重覆步驟1，一直縫到最後。

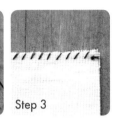

Step 3

最後在背面打結即完成。

6

X字縫

可自訂距離上在布上縫上「X」圖形有可愛的裝飾效果喔。

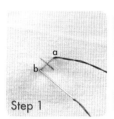

Step 1

先用消失筆畫上X記號，從背面出針為a點，再由a點穿過b點。

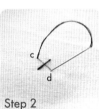

Step 2

再由背面的c點穿出，縫到d點即完成X的縫法。

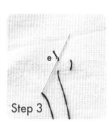

Step 3

翻到背面，將針穿過e點再打結，收針的地方看起來就會很整齊。

7

暗釦縫法

有上下釦的組合，可釦合袋口，無須另購工具，使用手縫針線就可完成，暗釦種類很多，可配合袋子布料來選擇暗釦的尺寸。

Step 1

由背面入針，穿上暗釦（凸的那一面）。

Step 2

在原本下針的邊邊下針，再繞一圈穿過孔洞，即完成一針。

Step 3

每個孔洞都重覆縫5圈，即可固定。

Step 4

另一個暗釦也是同樣的縫法固定（凹的那一面）。

8

釦子縫法

用於裝飾效果，包包、衣物、外套等的縫合。

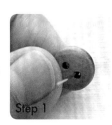

Step 1

由背面入針，穿上釦子。

Step 2

將針穿入另一個孔洞，重覆縫上二次。

Step 3

在背面打結即完成。

9

包釦縫法

有上下釦的組合，將釦子縫上喜歡的布，就成了實用的包釦。

Step 1

裁剪適當大小的布料後，由正面入針，平針縫一圈。

Step 2

放入釦子（上釦）並拉緊線，釦子就被布包覆起來囉。

Step 3

拉緊線後打上結收針，放入下釦，稍微壓一下，使上下釦能確實釦合。

Step 4

從背面入針後，穿上包釦。

Step 5

由a點穿過b點將包釦縫上，可重覆二次固定。

b a

Step 6

在背面打結就完成囉。

10

結粒繡

可運用在布偶的眼睛或是裝飾布品的設計。

Step 1

在背面入針後，將線繞針約6圈，如果想要繡比較大可以多繞幾圈。

Step 2

將針稍微抽出，穿入原本的出針處，在背面打結即完成。

手縫必學！三招縫包包的牢固針法

製作包包，不一定得要有縫紉機才行喔，跟著麻球老師學三大牢固針法，就算沒有縫紉機也能輕鬆做包包喔！

第 *1* 招—單邊對摺縫 最簡易 ★★★

 »

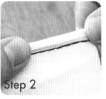
Step 1

Step 2

Step 3

適合中薄棉的布料，對於新手來說是很好上手的縫法。

Step 1 離布邊1cm縫份先以回針縫縫一直線。

Step 2 將縫份往單邊對摺，可以用熨斗燙出摺線，較好縫合。

Step 3 最後再以平針縫加強固定一次。

第 *2* 招—雙布邊內摺縫 最實用 ★★★★★

 »

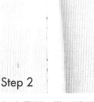
Step 1

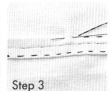
Step 2

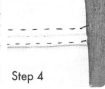
Step 3 **Step 4**

適用於各種布料，完成的縫線不論是正面或反面都很可愛，可以裝飾美化包包喔。

Step 1 在布邊1cm縫份處，先以回針縫縫一直線。

Step 2 把布攤開，將兩邊縫份皆往內摺。

Step 3 上下皆以平針縫加強縫合。

Step 4 最後打結即完成。

第 *3* 招—包布邊 最牢固 中困度 ★★★★

 »

Step 1

Step 2

Step 3 **Step 4**

此縫法也可以用來美化袋口，如果是薄棉布可以搭配厚布條包邊，若是厚布料的包包，可以用薄的布料來做布邊。

Step 1 在布邊1cm縫份處，先以回針縫縫一直線。

Step 2 剪一塊6倍縫份寬的布片，往中間對折形成布條包在布邊。

Step 3 用平針縫一起縫合固定。

Step 4 最後在背面打結就完成囉。

一起來做布包吧！
基本作法STEP BY STEP

很多人都覺得做包包很困難，其實一點都不難喔！只要選擇自己喜愛的布，剪下兩塊布和兩條提把，跟著麻球運用三大牢固針法加以縫製，就可以輕鬆做出屬於自己的暖暖布包。

⊞ 測量裁剪

1 量尺寸
選一個物品來作為依據，例如筆記本或是雜誌，量出長與寬，如果想要大一點就再多增加一些長度，來決定包包尺寸。

2 畫版型
決定好尺寸後，用鉛筆及尺準確畫出袋身和提把的版型，可選擇牛皮紙或描圖紙來畫，材質不易破裂，可以重複使用也好保存。

3 剪紙型
確定包包的形狀正確，每個部份的紙型前片、後片、提把等都齊全後，用剪刀剪下紙型。

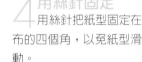

4 用絲針固定
用絲針把紙型固定在布的四個角，以免紙型滑動。

5 剪下
依照紙型剪下表布、裡布、及提把的布片，建議表布及裡布一塊一塊剪，不要偷懶而將布重疊一起剪，以免布滑動而造成誤差，包包就會不好車縫。

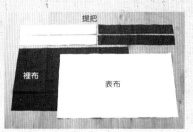

麻球 雜雜唸

包包的三大組成元素

1. **表布**：表布也就是包包的外表，車縫後可以叫作「表袋」或「外袋」，基本包包就是由外袋＋裡袋＋提把三大部份所組合而成，有時候會另外剪裁一片袋底來車縫，讓包包有立體感，或是你也可以用「打袋底」的方式來讓包包變立體（請見步驟8）。

2. **裡布**：也就是包包的裡層，車縫後可以叫作「裡袋」或「內袋」。

3. **提把**：正面反面各兩條，你可以選擇和包包一樣的布料，有一致性，也可以選擇其他顏色或材質提把，讓包包更具特色。

⊙ 車縫布邊

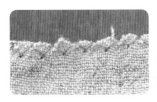

6 車布邊

剪好的布為了怕布邊的線鬆脫，而造成後續製作包包不順利，所以建議先把布邊車縫過，也就是所謂的「拷克」，以免布邊脫線不好作業，如果家裡沒有縫紉機，也可以使用「捲針縫」，可以有同樣的效果喔！（請參考P.15）

⊙ 表袋、裡袋、提把的縫法

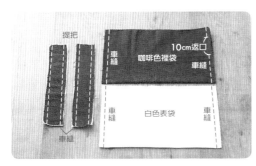

提把　車縫　咖啡色裡袋　10cm返口　車縫

車縫　白色表袋　車縫

7 車縫

車縫表裡袋及提把。

白色表袋：將表布正面相對整齊對折後（也就是反面朝上），車縫左右兩側以及袋底。

咖啡色裡袋：將裡布正面相對整齊對折後，車縫兩側，右側中間記得留下10cm返口不要車縫喔。

提把：將兩片的提把正面對正面，車縫兩側。

⊙ 立體袋型的作法

8 對折

先將表袋往中間對折，折出兩個袋角。

麻球雜雜唸

這個方法又叫做「打袋底」，可以快速的做出立體袋型，製作方法很簡單，新手不妨試試看喔。

9 畫記號

用消失筆在兩個袋角都畫上記號，如果三角形畫的越大，那麼剪出來的袋子就會越寬。

這麼一來，袋子就會變的立體了。

10 車縫剪下

沿著記號車縫後，留下1cm的縫份，將多餘的布剪掉。

用同樣的方法，也用來製作裡袋。

⊞ 提把的作法

11 往內凹折
將提把往內凹折一小段。

12 用筷子推
將布往內推，可用筷子或細長物輔助。

13 將布頂出
讓筷子一直固定著布，稍微拉緊將布頂出。

14 拉出
拉出布將提把翻到正面，稍微拉整一下。

15 車縫固定
翻好提把後，再上下車縫一次加強固定。

⊞ 固定表裡袋、提把

▲將提把放在中間。

用絲針固定

車縫線

16 將表袋放入裡袋
將白色表袋翻到正面，對齊後放進咖啡色裡袋（裡袋不用翻面）。

17 配置提把
將提把配置在裡袋和表袋的夾層，位置在中心點左右各4cm處。

18 用絲針固定
用絲針固定提把的位置，然後離袋口1cm縫份處，一起車縫一圈。

▲ 拉好的樣子。

▲ 將裡袋推入。

19 由返口拉出

由返口慢慢的拉出表布袋身，拉出時要輕輕的拉，不要太過心急，才能把整個包包完全拉出。

20 縫合返口

將包包翻到反面，然後用隱針縫把返口密縫。

車縫

21 加強車縫

離袋口0.2cm縫份處再車縫一圈，以增加提把和包包之間的牢固。

22 裝飾

最後將自己喜歡的裝飾品別在包包上，不僅可愛，而且還可以雙面使用喔！

休息一下吧！

麻球雜雜唸

讓布片變挺的小秘密

如果剪出來的布片太薄軟的話，你可以運用布襯，在車縫前燙在布片的背面來增加布片的挺度，做好的包包不僅立體，也能提升做包包的完成度喔！

▲ 布片原本比較薄軟沒有挺度。

2

▲ 選擇背面有膠的布襯，熨燙時就能產生黏性與布片結合。

3

▲ 將布襯的膠面對齊布片的背面後，用熨斗整燙。

4

▲ 完成！加了布襯的布片挺度就增加囉。

2

外出·散步の包

Enjoy your life

今天我們提著大樹包一起去戶外野餐吧，

最喜歡和我的手作包一起散步，

享受陽光灑下的溫暖，

分享美味的幸福。

微風。。。
合合吹～

Deer grasslands
小鹿草原 作法・P86

選一塊自己很喜歡的布，

為自己縫製一件適合去草原奔跑的袋吧！

不管是那個季節都想去草原感受陽光灑下的溫暖，

夏天可以盡情的熱情奔跑，

春天、秋天就放慢腳步愜意的散步，

呵呵⋯冬天就可以冒險的跟風雨追逐呢！

可運用布端有印刷字樣的
布，縫在側邊作布條也很
有特色喔。

Tree & fun picnic

大樹野餐包 作法・**P89**

淡淡夏日，
穿著簡約的白色棉T配上卡其色的裙子，
隨意套上夾腳拖，
背上熱帶雨林色彩的包包，
自然而舒適的出門去野餐囉！

運用同色系但深
淺不一的鈕釦，
結合了特殊縫法，
讓大樹有了新的面
貌。

作法・P92

Pink checker bird

格子鳥暖暖包

ㄕ ㄕ ㄟ

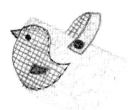

▶ 格子鳥的身體是口袋，能
　貼心的裝進寶貝的小物。

若小鳥身上的羽毛是格子圖案的該有多好⋯，

小女孩這麼說著，

呀，就來變個小魔法吧！

讓溫暖的毛粒布跟粉色格子一起縫製可愛的童話包包，

跟孩子一起對話就能找到趣味的創意聯想喔！

Let's pottage

走吧　喝濃湯 作法·P94

將袋子設計成有濃湯食譜的袋子，
下次跟朋友一起喝溫暖的湯就帶著它出門吧！
放在居家裡可以收納你平日喜歡料理的食譜。

Sweet corn and prawn b

Ingredients
Olive oil - 30ml, Onion choppe
Chicken stock 1L, Milk - 250m
Cream - 120ml, S & P as need,
For garnish / Parsley chopped

Methods
1. Heat the olive oil in the
   for 3 minutes.
2. Melt the butter add flour
   the stock milk stir to

Soup!

在裡袋繡上小小的字樣就可以很可愛，
變成了雙面使用的布包。

秋天悄悄的來了…

每一次遇見秋天，她總是溫柔安靜，

那樹上飄落下來的落葉就像足音符　般輕舞，

一片一片的～

總是可以在地上撿拾到不同形狀的葉子呢！

運用花布本身的圖案結合不織布的
縫製，讓袋子有立體手作感。

flower

作法・P96

air

softly fall day
輕柔秋日袋

Summer ocean

夏日海洋包 作法・P99

夏季來了就該有一個屬於去海洋奔跑的包，
自己也製作一個吧，帶著去海洋尋找小寶藏！

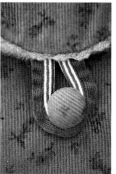

Spring walking

春日散步包 作法・P102

我總是在春天裡，期待著要看滿山的花朵呢…

內心裡有一份少女般純真的心去等待花季的來臨，

在花園裡可以一次擁抱很多花的香味，

淡淡的和一點點微甜的優雅，

如果可以…就這麼輕鬆且優雅的賞花如何呢？

利用毛織圍巾的布料縫製一個適合在聖誕節使用的布包，掛放在居家的牆壁上或聖誕樹，放上小禮物送給親愛的家人。

christmas bag

聖誕節的包 作法・P104

1、2、3、4、5、6……12，

12月是每一年我最喜歡的季節，

因為25日的聖誕節，一起交換禮物，交換這一年的秘密…

我把所有的秘密都放在包包裡了！

一起打開吧！

37

3

居家・實用の包
My sweet home

幫溫暖的家做一個包包，

讓家人及寶貝獲得便利的生活，

隨處都能看到手作的幸福，

樂活有趣的度過每一天！

Sweet home key bag
我們家的鑰匙包 作法 · P106

1 2 3 4 5 6

你是不是也有找不到鑰匙的經驗呢？

如果幫鑰匙打造一個家，

不但能整齊收納也不用再擔心找不到鑰匙了，

貼心的雙面設計，

可以當作外出袋提著去散步喔！

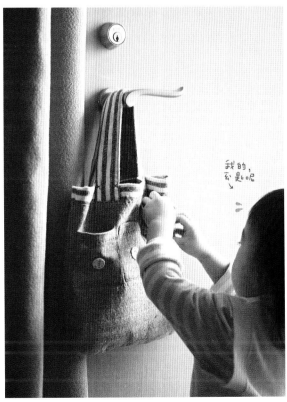

我的，
鑰匙呢

▲ 內袋共有6個小袋了，可以為家人編一個號碼來放喔，
可以掛在居家的大門旁。

Garlic drawstring bag

環保蒜袋 作法・P108

原本用完即丟的蔬果網袋,
設計成專門儲放蒜頭、薑、辣椒的束口袋,
掛曬著不但不易發霉,還讓大蒜變得好可愛,
替廚房空間增添了新的居家佈置,
讓作菜更有樂趣。

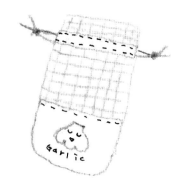

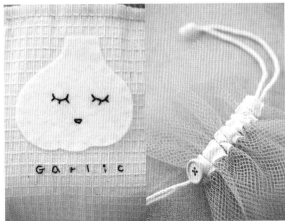

← lemon

用結粒繡縫法手縫
上馬鈴薯小小的雙
眼，再加上櫻桃小
口，馬鈴薯變的好
可愛呢！

一起來
玩料理吧。

potato

potato

休！
另尼套裝。

potato

Lovable potato bag

馬鈴薯儲物袋 作法・P110

馬鈴薯擁有可愛的顏色和形狀，

是最容易學習製作的美味，

還能變化出各種創意料理，深受小朋友們喜愛。

來吧！讓我們來為馬鈴薯製作一個專屬的儲物袋，

還可以拎著它上街去購物喔！

potato

美味禮物袋 作法・P112

親手製作美味的手工果醬、餅乾、巧克力，
要用什麼包裝才能襯托出純手感的心意呢？
利用透明防水布搭配上布所設計的禮物袋，
實用又大方，不但誠意十足又擁有100%的手工感喔！

Honey bedquilt
棉被袋 作法・P114

3×5" 3×5" 的
Store up happiness.

累
不如… 先尾下反

喜歡在早晨散步吃完早餐的回家之後，

聽著自己喜歡的音樂，然後慢慢的做一些居家的收納，

尤其是曬了太陽而溫暖滿溢的棉被，我想了想…

不如自己做一個好看實用的棉被收納袋，

讓打開櫃子收納棉被時都能有好心情喔！

Pear cushion

西洋梨抱枕袋 作法·P116

最喜歡和你在一起了，

因為可以一起彼此擁有相處時的美好生活，

寫好的筆記可以放在你的儲物櫃裡，

想午睡也可以抱著你，

是我最喜歡的幸福。

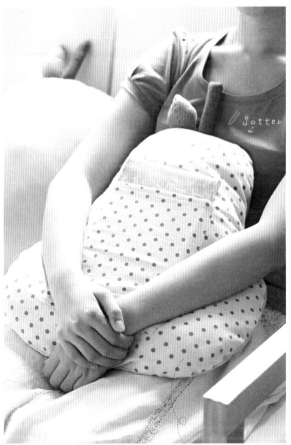

除了有抱枕功能，
背面還有設計一個小置物袋，
可以放筆記本或小日記喔！

Leisurely afternoon tea

悠閒下午茶袋 作法・P118

做一個專門放茶包、糖、奶球的提袋，
想喝什麼茶或調味，就在袋子裡挑選吧！
獨自悠閒的喝茶或呼朋引伴來家裡午茶，
讓茶袋輕輕妝點下午茶時光；
或是提著茶袋踩著輕盈的腳步散步去吧！

運用簡易的平針縫在水滴裝飾，
讓水滴不單調。

4

收納‧生活の包
My life style

自己心愛的小物或用品，
都希望能有個具功能性又漂亮的收納地方，
那麼，就來為小物做個家吧
親手縫製的包包，最不一樣了！

to get together

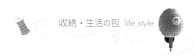

Snowflakes purse

雪花口金包

作法・P121

今天下午有個小茶會，

很想好好的品嚐美味可口的小點心，

悠閒無負擔的跟好朋友一起分享心情，聊著生活，

我只想拎著小包包出門去參加小聚餐，

今天就讓雪花口金包陪我一起出門吧！

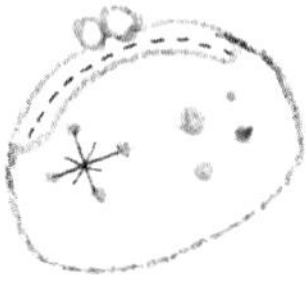

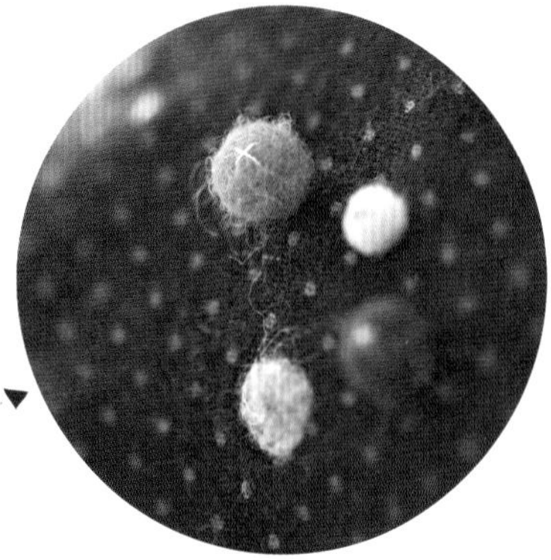

一顆顆的小羊毛球好可愛好溫暖！

今天就來作一顆藍色的羊毛球吧！

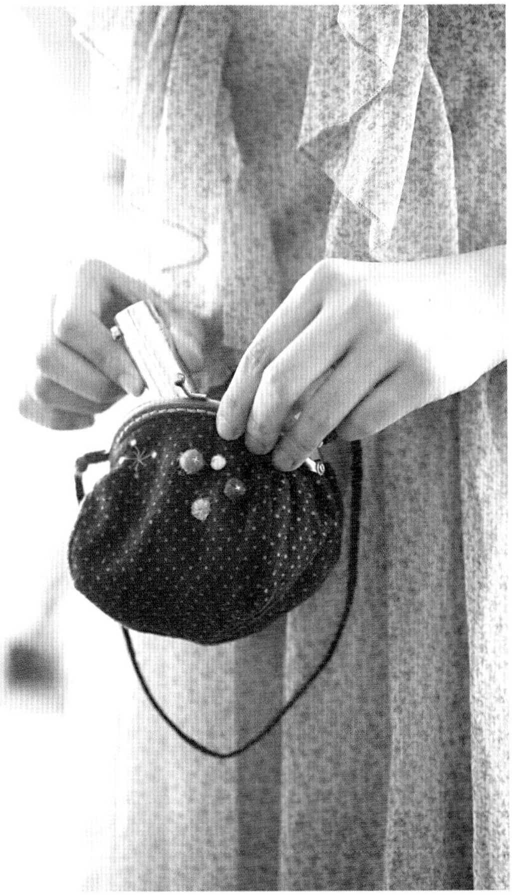

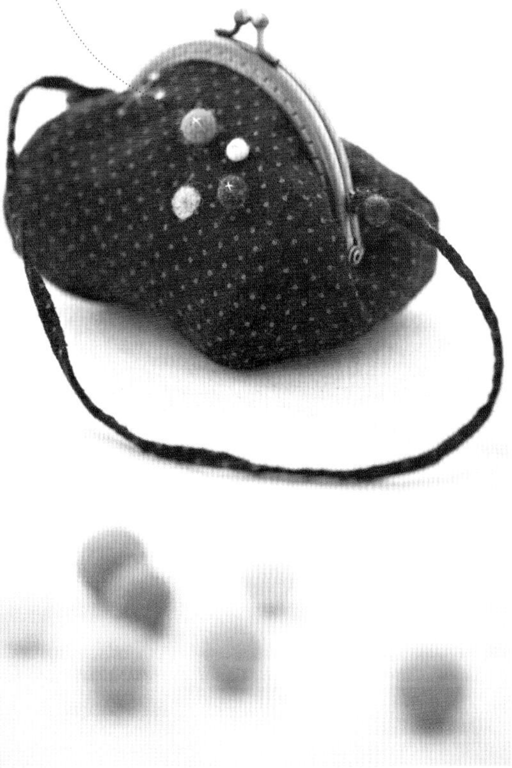

Colorful dots bag
點點帳單收納袋 作法 · P124

用布製的拉鏈文件袋改造成手提小包包，
作為放信件、帳單的專用收納袋，
外出繳費或是掛在牆壁上裝飾都很可愛喔！
巧手改造，讓袋子的功能大躍進吧！

喵 x
帶我走，
點點 So so。

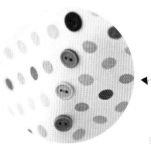

只要縫上鈕釦，
就會像變魔法似的讓包包變的立體有造型，
一起來蒐集各式鈕釦吧！

只要選對布料,

也能做出適合男生使用的布包。

左右兩側的多層設計,

有大大的空間作為收納,

出國旅遊時,

將機票、護照、信用卡、各國錢幣等等輕鬆收放攜帶,

是一個非常適合旅行的多功能包。

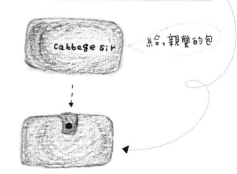

cabbage sir

給,親愛的包

Boy's wallet

男孩・旅行布包夾 作法・P126

Nice tree key case

大樹鑰匙串包 作法·P128

回到家是自己最喜歡待的地方，
包包裡一大串的鑰匙串，
有沒有一間屬於你很想窩著的房間呢？
我為自己喜歡的工作室設計一個獨立的小鑰匙包，
很隨性的插放在鑰匙孔上也很可愛呢！

叩 叩叩！

▶7是我的幸運數字，你的Lucky number是幾號呢？

Serviette sack

餐·袋子 作法·P130

We'll go picnicking in the woods.

小·肚子
好古。---→

53

野餐去

收集好看的布餐墊是生活的一種樂趣,

將布餐墊巧手一變,

成為專門收納餐墊與紙巾的收納袋,

今日的餐點,想用哪一塊餐墊搭配就自己選吧!

提著它出門到公園野餐,是不是也很可愛呢?

除了木製刀叉,你
也可以放上自己喜
歡的餐具或是裝
飾品,也有不同的
風味喔!

Life&travling zipper bag
生活・旅行夾鏈袋 作法・P132

餅乾袋、藥袋等夾鏈袋，用完即丟實在很可惜，
經過設計改造，成為質感十足的布包收納袋，
用來收納生活用品、旅行用品等等，都非常實用喔！

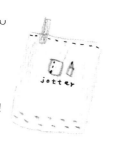

舊夾鏈袋隨處可
見，激發你的創
意，樂活的改造
舊物吧！

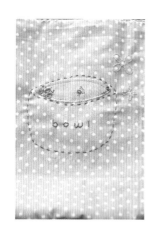

開關欣賞廚房裡的餐櫃一直是我很喜歡的習慣，

每一次買回來的新夥伴餐具都是一塊兒放入餐櫃裡的，

一層層擺放的餐具好像是一家人呢！

我想我該為你們佈置一個溫暖的家的，

小碗有了自己的家，

杯子也有了自己的家囉。

▶專為器皿用品設計的收納袋，圓桶狀的設計，可在布上繡上杯杯或碗的圖樣，增添生活雜貨感。

To storage bowl & cup

杯碗收納袋 作法・P134

找到良心
我的碗瓷。

bowl

5

改作．創意の包

Love fun headmade

生活週遭的小物或二手舊物，
都是新鮮可愛的包包素材，
一起突發奇想，踏進創意的手作天堂，
快樂的巧手改造吧！

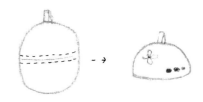

Beauty pouch
小妝包 作法・P136

也不知何時開始喜歡買鏡子、小梳子啊…
還有甜美粉嫩的口紅,
然後開始喜歡在臉上玩色彩,裝扮自己,
一直希望有一個小妝包來裝下我的美麗妝扮品呢!

利用現成的隔熱手套加以改作,
可以放零錢、美妝小物,讓生活更美麗。

Cacao pencil case

可可點筆袋 作法・P138

可可…可可就像是在笑呢…

輕輕的唸一遍…恩…有開心的感覺喔！

很喜歡可可色，很愛喝熱可可，熱愛可可（笑）

希望我的包裡也有我喜愛的可可

帶著我的可可一起寫下我的生活。

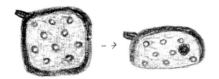

將隔熱手套縫上拉鏈，

就變身成為小筆袋，

在拉鏈頭處隨興的加上釦子，

更有雜貨感喔！

Pink apple pocket

小蘋果置物袋 作法・P140

小女孩說：我最愛吃紅咚咚的蘋果了！

MaMa可以帶著我去買小蘋果嗎？

恩，我倆一起牽手拎著包包，

去水果店買可愛的小蘋果回家吧！

Hi

開放式的袋口方便取拿小物，你也
可以自己縫上彈簧釦或是拉鍊讓袋
口密合。

Pretty rabbit bag

可愛兔兒手機袋 作法·P142

襪子不只能作成娃娃，也能作成小包包喔！

只要再加上耳朵小手和蕾絲背帶裝飾，

就成了可愛的兔兒手機袋，

可以放手機、小雜物、小本單字卡&筆，

還能放寶貝喜歡的糖果小點心喔！

喂，偶尒尒子兔啦

ㄎㄨㄞˋ打電話ㄘㄟˊ
給ㄨˇㄛ。

to go on a journe

用水彩顏料在布上
隨興繪上圈圈點
點，就變成超有設
計感的布標。

Blue camping bag

格子藍野餐袋 作法・P148

偶而的小假期我們一起去野餐吧！

先與你一起散步拎著野餐包，

去選購野餐時要共享的美味，

我們買的美味都不一樣耶～

可是彼此吃著對方選購的美味…

喲呼～好幸福喔～

煮衣

今天去什麼呢?

Squirrel sack
松鼠包 作法・P150

散步經過公園裡的大樹旁，
看到了小松鼠正在啃著果子，
實在可愛極了！
我坐在椅子從袋子裡拿出剛買的土司，
呵呵…彷彿小松鼠陪著我一起吃早餐呢！

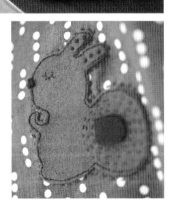

Bear painting bag

小熊畫袋 作法・P150

剪下自己喜歡的圖
案，不會畫畫也可以
做出可愛的包包喔！

恩～今天的天氣好暖和阿！
好想將天空裡的白雲帶回家喔…
提著我專屬的小熊畫袋跟色鉛筆一起出門囉！
把天空上的小白雲畫在我的素描本上，
回家後將小白雲掛在牆壁上吧！

ふくらんで
ちょっと
かわいい

Super cute handbag
卡哇依手環包 作法・P145

運用自己喜愛的塑膠手環結合顏色粉嫩色系的布料，
就能變身為可拎可提的輕巧包包，
在包包上用顏料畫上可愛的小花，
或是畫上自己喜歡的圖案，也是一種創意的搭配喔！

老闆，
多少夏夏ㄚ？

小花可愛的模樣，
縫上鈕釦讓小花更
有純真的感覺。

Part

6

How to making

本單元附有貼心的版型及詳細圖解，

跟著DVD實作教學，成功率超高，

親手縫製包包送給身邊的親人、好友，

一起感受幸福的存在。

完成尺寸·寬32cm × 高40cm × 底7m（未含提把）

小鹿草原包 附有版型

❌ 材料

袋身
1. 裡布袋身：66×42cm一片
2. 表布袋身：66×42cm一片
3. 裡布提把：40×5cm一條
4. 表布提把：40×5cm一條
5. 裝飾布條：29×2.5一片
6. 咖啡色不織布一片（小鹿身體）
7. 白色帆布一片（小鹿的臉）
8. 橘棕色羊毛（裝飾小鹿耳朵）
9. 米白色羊毛（裝飾小鹿身體）
10. 咖啡色羊毛（裝飾小鹿鼻子）
11. 木釦子二顆（裝飾兩邊袋底）

工具
12. 羊毛氈工作墊
13. 線
14. 水彩筆
15. 白色、棗紅色、咖啡色顏料
16. 小剪刀
17. 羊毛氈針
18. 針

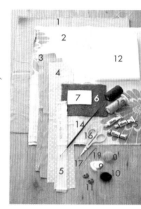

作法 Step by Step

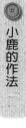

小鹿的作法

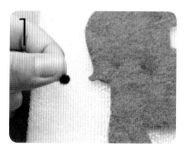

剪小鹿
參考紙型剪下小鹿的形狀，取一小粒羊毛在手指上搓一下，要來用作小鹿的鼻子。

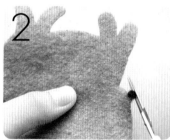

戳鼻子
將羊毛戳在小鹿的鼻子上，戳完用剪刀修剪一下形狀。

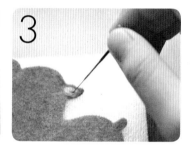

戳耳朵
將橘棕色羊毛戳在耳朵處。

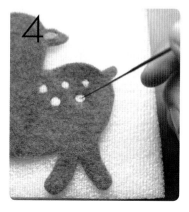

戳身體
將米白色羊毛用手指搓成一粒一粒的，戳在小鹿身體。

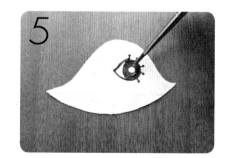

畫眼睛
依紙型剪下小鹿的臉，然後用顏料繪上眼睛。

6

用平針縫

用平針縫將小鹿的臉縫上。

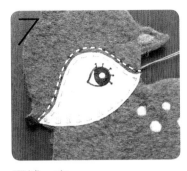

7

再縫一次

在臉的上方用平針縫縫上線條,讓小鹿的臉看起來更立體。

8

縫在表布上

先將表布對折,把小鹿配置在正面的右下側(距縫份6cm處),用回針縫固定在表布上。

表袋的作法

9

車縫

車縫袋身

將表布反面對折後,留1cm縫份車縫側邊與袋底。

10

縫布條

將裝飾的布條對折車縫連結處(縫份1公分)。

11

2cm

裝飾布條

將布條用平針縫縫在袋身右側(袋口下來2cm處)。

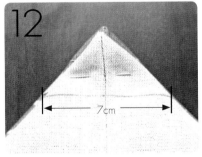

12

7cm

袋底對折

將表袋對折,兩側袋底折成三角形,並在袋角下7cm處作記號。

13

用平針縫

用平針縫將兩側袋底的三角形縫合,將線頭露出也很可愛喔。

14

快完成囉

往上折

由裡布出針,將三角形往上折縫合,再縫上木釦裝飾。

提把的作法

縫提把

將提把表、裡布正面相對，留0.5cm縫份車縫後，由開口翻回正面。

裡袋的作法

車縫裡袋

將裡布反面對折車縫側邊與袋底，右側留下10cm返口。

返口10cm

車縫

7cm

打袋底

將兩側袋底都折出三角形，離袋角7cm處畫記號，可先用絲針固定後較好車縫。

▲ 車縫記號後，剪下多餘的布。

表袋、裡袋與提把的縫合

5cm 5cm

套入

將表袋正面套入裡袋（正面），提把則配置在袋身中心點左右各5cm處。

車縫

一起車縫

留1cm縫份後，反面將袋口與提把一起車縫一圈。

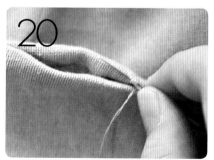

由返口拉出

由返口拉出表袋，整理好後用隱針縫合返口就完成囉。

完成囉

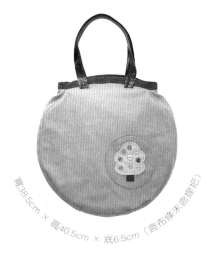

高38.5cm × 高40.5cm × 底6.5cm（含布條未含提把）

大樹野餐包 附有版型

✖ 材料

袋身
1. 棕色表裡布：圓形直徑40.5cm二片
2. 點點表裡布：圓形直徑40.5cm二片
3. 棕色表布袋底：50×8.5cm二片
4. 點點裡布袋底：50×8.5cm二片
5. 咖啡色袋口布條：39×8cm二條
6. 棕色及點點口袋：直徑15.5cm各一片
7. 皮革提把：50×2.7cm二條
8. 大樹拼布一片
9. 樹根拼布一片
10. 釦子9顆

工具
11. 深色麻繩
12. 線
13. 小剪刀
14. 手縫粗針
15. 針

作法 Step by Step

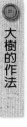

大樹的作法

1
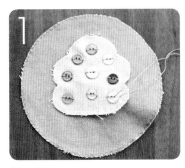

縫釦子

將彩色釦子縫在大樹上，用回針縫來回縫合釦子的兩個孔洞，不同於以往釦子的縫法，有美化的效果喔。

2
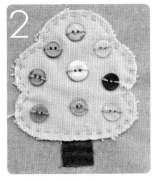

縫大樹

用平針縫將大樹及樹幹固定在棕色口袋上。

口袋的作法

3

車縫　　　　返口5cm

車縫剪牙口

將兩片口袋正面相對，留1cm縫份後車縫一圈，在右側留下5cm返口，並剪出一圈牙口。

4
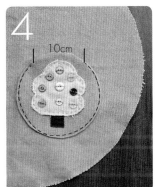

10cm

與袋身車縫

將口袋翻到正面，用隱針縫縫合返口後，固定車縫在棕色表布前片的右下方，留10cm不車縫作為小口袋的開口。

5
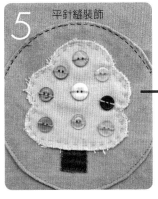

平針縫裝飾

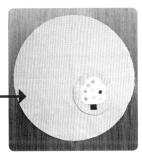

裝飾袋口

用平針縫裝飾10cm的開口處。

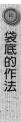

袋底的作法

連接兩片袋底

將兩片袋底正面相對，留1cm縫份後車縫，將兩片袋底連接起來。

▲翻到正面後再車縫一次加強固定。

外袋、裡袋的縫法

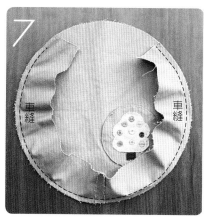

車縫　車縫

縫表布前片

將表布對折取中心點，將袋底配置在中間，留1cm縫份後與表布一起車縫。

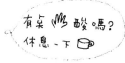

有累啊酸嗎？
休息一下

車縫

縫表布後片

將另一片棕色表布的正面朝下，整齊對準後與袋底一起車縫，外袋就完成了。

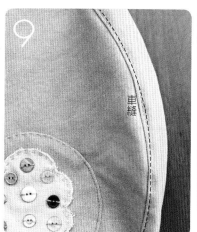

車縫

加強車縫

袋底與袋身的接縫處正面前片車縫一圈，加強袋型的牢固。

車縫　車縫

▲表布後片反面也要再車縫一次。

車縫裡袋

裡袋的作法跟外袋相同，請參考步驟7～步驟9。

放入裡袋

將裡袋反面放入表袋（反）裡面。

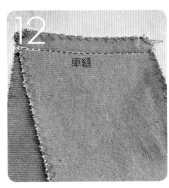

車布條

將斜紋布條兩端連接留1cm縫份後車縫起來，製作有圓弧的包包時，斜紋布的彈性佳，能隨著包形完整包覆。

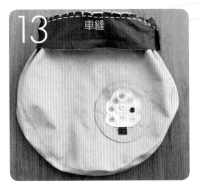

一起車縫

布條的縫合處對準袋身的側面，將布條包覆袋口半圈，留1cm縫份後車縫前半圈，接著另半圈也車縫起來，最後將布條兩端接合剪去多餘的布，並在縫份上剪出牙口。

將布條向內折

修剪袋口的牙口後，將布條向內折2cm。

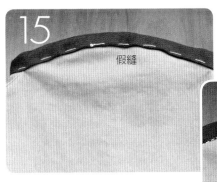

假縫固定

由於袋口是圓弧形的，所以可先假縫或用絲針固定一下再車縫，布條較不容易歪掉。

▲車縫袋口布條一圈。

提把的縫法

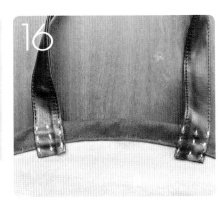

用手縫粗針

將提把配置在中心點左右各5公分處，用平針縫縫提把，邊穿針時要稍微拉緊線，使兩邊提把牢固，使用粗針時要小心別受傷囉。

麻球教室

縫提把時先由裡布開始打死結，由1出針，接著由2入針，接著以3出4入，5出6入的針法，最後在6打死結收針即完成，共有三排，每一排各為3個平針縫，共有6個出入針。

```
┌1出   ┌1出   ┌1出
└─2入   └─2入   └─2入

┌3出   ┌3出   ┌3出
└─4入   └─4入   └─4入

┌5出   ┌5出   ┌5出
└─6入   └─6入   └─6入
```

格子鳥暖暖包 附有版型

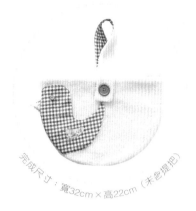

完成尺寸：寬32cm×高22cm（未含提把）

❈ 材料

袋身

1. 表布袋身前片34×24cm一片
2. 表布袋身後片34×24cm一片
3. 裡布袋身前片34×24cm一片
4. 裡布袋身後片34×24cm一片
5. 表布提把40×6cm一片
6. 裡布提把40×6cm一片
7. 格子鳥裡布口袋一片
8. 格子鳥表布口袋一片
9. 棉花少量
10. 嘴一片、翅膀一片
11. 大釦子、小釦子各一顆

工具

12. 線
13. 小剪刀
14. 針

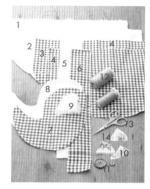

作法 Step by Step

裡袋的縫法

1 二片車縫

將二片格子裡布正面相對後，袋口不用車縫，其餘留1cm縫份後車縫，在右側留下10cm返口。

格子鳥的作法

▲ 沒有剪牙口的格子鳥

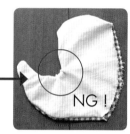
▲ 翻面後布緣凸起　NG！

2 剪牙口

將格子鳥的表布和裡布正面相對後，留1cm的縫份後車縫，左側袋口不車縫作為返口，並在縫份上剪牙口，翻到正面後才不會因為布料的伸展性不夠，而使布緣凸起不美觀。

▲ 有剪牙口的格子鳥

OK！
▲ 翻面後布緣平整

3

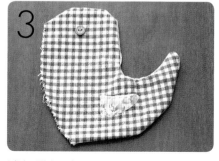

縫釦子翅膀

將格子鳥翻到正面後，縫上小釦子作為眼睛，用平針縫將翅膀縫上。

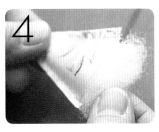

縫製嘴巴

將小鳥的二片嘴巴,對齊後用平針縫縫合,並塞入適量棉花。

提把的縫法

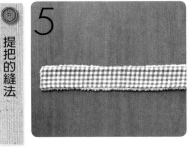

縫提把

將提把的表布和裡布正面相對,留0.5cm縫份後車縫兩側,接著由開口翻回正面,作出一條提把。

格子鳥與袋子的縫法

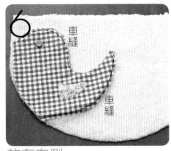

車縫
車縫

放在左側

將完成好的格子鳥車縫固定在表布前片的左側,中間不車縫作為口袋的開口。

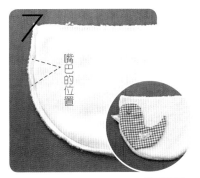

嘴巴的位置

▲翻到正面後

放入嘴巴

取出表布後片,與前片正面相對,將嘴巴夾在中間,留1cm縫份後一起車縫固定。

袋子與提把的縫法

固定提把

用絲針將提把固定在袋子後面的袋口正中央。

放進裡袋

將表袋正面放入裡袋(正面),反面一起車縫袋口,毛粒布材質較厚,車縫時容易鬆動,所以可先用絲針或假縫固定比較好縫合。

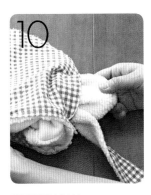

從返口拉出

從返口拉出表袋。

密縫

用隱針縫將返口縫合。

固定

將大釦子與將另一邊的提把一起縫合。

完成

可用平針縫將嘴巴的地方加強,能固定縫份也可以裝飾喔。

完成尺寸：寬30cm × 高36cm × 厚5cm（未含提把）

走吧·喝濃湯 附有版型

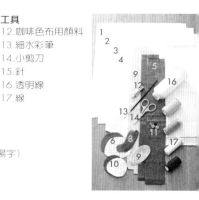

✂ 材料

袋身

1. 表布袋身前片38×32cm一片
2. 表布袋身後片38×32cm一片
3. 裡布袋身前片38×32cm一片
4. 裡布袋身後片38×32cm一片
5. 表布袋身前片的口袋32×32cm一片
6. 黃色、咖啡色提把44×4.5cm各二片
7. 碗形圖案表、裡各一片（縫在口袋上）
8. 湯匙圖案表、裡各一片（縫在口袋上）
9. 碗口圖案一片（縫在口袋）
10. 小圓布直徑6.5cm二片（縫在裡布內繡湯字）
11. 小木扣2顆、彩色小串珠4顆

工具

12. 咖啡色布用顏料
13. 細水彩筆
14. 小剪刀
15. 針
16. 透明線
17. 線

作法 Step by Step

口袋的作法

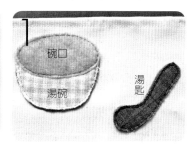

縫碗及湯匙

口袋的袋口先內折1cm兩次後車縫，接著將湯碗及湯匙的表裡布對齊，用回針縫縫合在口袋的中心處，縫好湯碗後，碗口的圖案也用平針縫縫在湯碗上。

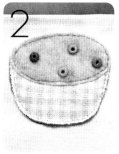

縫串珠

用透明線將彩色串珠縫在在碗口裝飾。

▲縫上小木釦裝飾。

寫上食譜

可尋找自己喜愛的英文食譜，用水消筆先將食譜寫在湯碗下方，再用細水彩筆沾上布用顏料描繪，寫完後可隔一層布稍微熨燙，讓顏料固定，並在材料及作法前面縫上小木釦裝飾。

提把與表袋的作法

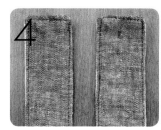

縫合提把

將提把正面相對，留0.5cm縫份後，反面車縫一圈，並在一側留5cm的返口，翻回正面後，再將邊緣壓線車縫一圈使其牢固。

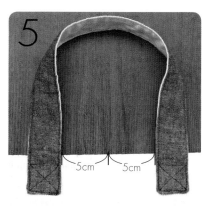

5cm　5cm

固定提把

將提把兩條分別配置在袋身的前片及後片，位置在袋口下來1.5cm，袋身中心點左右各5cm處，預留1.5cm是因為縫合袋身時需要1cm的縫份，翻回正面後需要0.5cm的縫份來固定袋口。

3cm

▲固定提把時，可先車縫出3cm的正方形，然後再車縫交叉線，也可以用回針縫，讓提把更有造型。

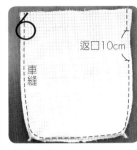

裡袋的作法

6

返口10cm

車縫

留返口

將裡布正面相對後，左右留1cm縫份，袋底留5cm縫份後車縫一圈，在右側留下10cm返口（請參考P18立體袋型的作法）。

7

裝飾小圓布

先取一片小圓布用回針縫繡上「湯」字，再與另一片小圓布正面相對後反面車縫留0.5cm縫份及返口2cm，修剪圓布牙口後，再翻回正面，小圓布即完成；然後將小圓布用平針縫縫在裡布後片的右上側。

袋身的縫合

8

前片

口袋

後片

配置袋身

在表布前片的正面放上步驟3製作好的口袋，然後再反面疊上表布的後

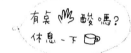

有夠酸嗎？
休息一下☕

9

車縫 車縫

車縫

打袋底

袋口不車縫，先車縫左右兩側及袋底，袋底同裡袋留5cm縫份後車縫。

10

放入裡袋

將表袋（正面）放入裡袋（正面）中。

11

車縫

車縫袋口

留1cm縫份後，反面一起車縫袋口一圈。

12

拉出

從返口拉出正面的袋身。

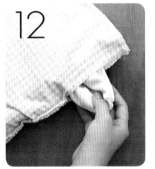

13

車縫

加強車縫

車縫袋口的邊緣一圈，將提把折下來，只需車縫袋口的布固定即可。

14

縫麻繩

可在湯匙的握把縫上9cm的麻繩做為裝飾。

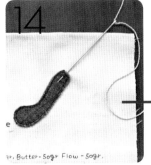

打上結。

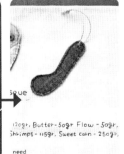

15

縫合返口

縫合裡布的返口即完成。

完成尺寸：寬30cm × 高40cm（未含提把）

輕柔秋日袋 附有版型

✂ 材料

袋身
1. 表布前片：42×32cm一片
2. 表布後片：42×32cm一片
3. 裡布前片：42×32cm一片
4. 裡布後片：42×32cm一片
5. 提把後片：40×4cm二條
6. 提把前片：40×4cm二條
7. 棉花
8. 布標：5×4cm一片
9. 葉子吊飾後片一片
10. 葉子吊飾前片一片
11. 橘棕色葉子一片
12. 咖啡色葉子一片
13. 皮革細繩：20cm一條

工具
14. 線
15. 針
16. 小剪刀

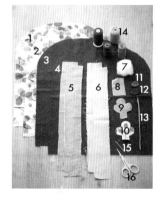

🧶 作法 Step by Step

装飾葉子

 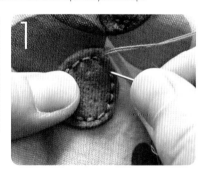 

縫上葉片

從表布反面下針，接著穿過葉子，分別將兩片葉子以回針縫縫在表布袋身前片的葉子上，每一針的距離約0.5cm，不織布材質可增添袋子的立體感。

布標與袋身的縫法

▲布標完成。

車縫布標

將布標的反面朝上對折，並內折0.5cm縫份後車縫固定

3cm

配置布標

將布標對折配置在表布的前後片裡面，距離約在袋口下3cm處。

咿～來咐！
2cm開始

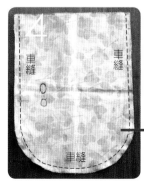

車縫　　車縫

車縫

與袋子車縫

留1cm縫份後，將布標與袋子一起車縫，留下袋口不用車縫。

▲留1cm縫份車縫。

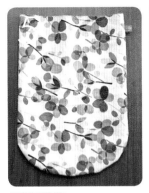

裡袋的作法

翻到正面

將袋子翻到正面後,布標就
會露出來囉。

6

返口10cm

車縫

車縫

車縫

車縫裡布

將裡布正面相對後,留1cm縫份後
車縫袋身一圈(袋口不用車縫),
然後右側留下10cm作為返口。

7

提把的作法

未翻好面的提把

翻好面的提把

車縫提把

將提把翻回正面後,於提把兩側各壓一
條線固定。

裡袋、外袋、提把的縫合

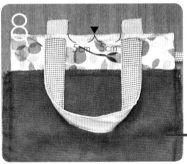

8

5cm 5cm

▲ 提把要放在裡袋和外袋的中
間喔。

外袋套入裡袋

將車縫好的表布袋身(正面)套入裡布
袋身(正面),提把則配置在袋口的中
心點左右各5cm處,然後反面一起車縫。

9

車縫

車縫袋口

留1cm縫份後,車縫袋口一圈,將提把和
裡外袋固定。

10

從返口拉出外袋

從返口慢慢把花花外袋
拉出來,然後將裡袋推
入稍微整理一下。

▲ 推入裡袋

11

縫合返口

用隱針縫將返口縫合。

葉子吊飾的作法

車縫袋口

離袋口下來0.2cm處再車縫一圈,可加強固定提把。

縫上裝飾

用平針縫幫葉片縫上裝飾,讓葉片不單調。

▶車縫一圈留下方開口。

和細繩車縫

將皮革細繩配置在葉子前片和後片中心處,然後一起密縫。

塞入棉花

將棉花塞入葉片裡,可用水彩筆或是竹筷來輔助塑形,塞完後用密縫將開口縫合。

穿入吊飾

將細繩穿入布標的洞裡,再套入葉子往下拉,讓吊飾固定在袋子上。輕柔秋日袋就完成囉。

完成尺寸：寬39cm × 高27.5cm × 底9cm(未含提把)

夏日海洋包 ◀附有版型

❀材料

袋身

1. 表布前片：41×37一片
2. 裡布前片：41×37一片
3. 表布後片：41×37一片
4. 裡布後片：41×37一片
5. 表布前片口袋：11.5×11cm一片
6. 裡布後片口袋：11.5×11cm一片
7. 表布提把：38×5cm二片
8. 裡布提把：38×5cm二片
9. 口袋的蕾絲：11.5×2cm一條
10. 口袋的布標：6×1.5cm一條
11. 粗棉線：15cm一條
12. 袋身袋口的蕾絲：30cm×1.5cm
    (可縫一圈袋口的長度)
13. 海星二片
14. 駝色羊毛少量
15. 小貝殼(有孔洞的)一顆

工具

16. 線
17. 小剪刀
18. 羊毛針
19. 針
20. 工作墊

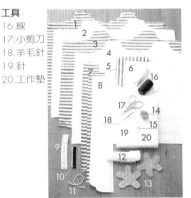

作法 Step by Step

口袋的縫法

1

車縫

縫布標

將兩片口袋的正面相對後，在袋口左邊下來2.5cm處夾入布標，接著留1cm縫份後一起車縫，留下袋口不用車縫。

2

剪牙口

在口袋圓弧處的修剪牙口，翻面後口袋才會美美的喔。

3

0.5cm   0.5cm

車縫蕾絲

將蕾絲左右各內折0.5cm車縫兩次固定。

4

裝飾

把口袋翻正面，將條紋那一面的袋口往內折1cm縫份後放入蕾絲一起車縫，有了蕾絲的裝飾，口袋變的很甜美可愛呢！

表袋的作法

5

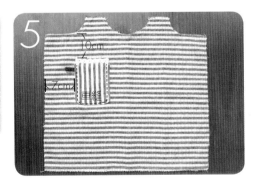

10cm

7cm

車縫

車縫口袋

將口袋配置在表布的左側後車縫固定(縫份下10cm、左側7cm處)。

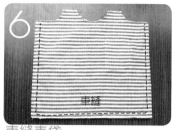

車縫表袋

將兩片條紋的表布正面相對後，留1cm縫份後車縫左右側及袋底。

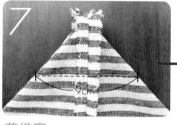

剪袋底

將袋底兩端折三角形，距袋角9cm處畫上記號，留1cm縫份車縫後，再剪去多餘的布（請參考P18立體袋型的作法）。

▲兩邊袋角都剪好後，袋子就會變立體了。

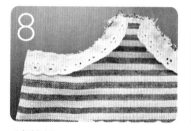

縫蕾絲

將表袋翻到正面後，把蕾絲假縫固定在表布的袋口，兩邊表布都要假縫上蕾絲。

裡袋的作法

提把的作法

縫裡袋

返口10cm

同表袋作法，將兩片白色裡布正面相對後車縫，在袋口縫份下3cm處留10cm返口。

縫提把

將提把正面相對，留0.5cm縫份後車縫兩側，然後翻到正面。

表袋裡袋與提把的縫合

用絲針固定提把

套入

將裡袋跟表袋正面相對放入，然後用絲針將提把固定在表袋和裡袋中間。

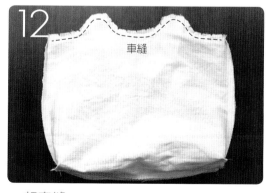

車縫

一起車縫

反面留1cm縫份後，和提把一起車縫袋口一圈，並修剪袋口的牙口。

由返口拉出

從返口將表袋拉出翻到正面。

▲翻好的樣子。

▲將裡袋塞入。

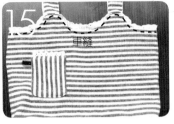

加強車縫

車縫提把的兩側,和袋口的邊緣來加強袋形的固定,如果沒有縫紉機,可以用迴針縫來固定。

縫合返口

用隱針縫密縫裡袋的返口。

海星的作法

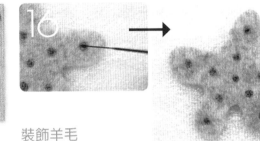

裝飾羊毛

參考紙型剪下二片海星,取一片將駝色羊毛戳在海星上點綴。

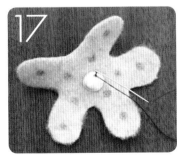

縫貝殼

將貝殼縫在海星的中間。

塞棉花

將二片海星上端夾入對折的粗棉繩,再以平針縫合一圈,快完成時由開口塞入適量的棉花增加立體感。

完成

將海星穿繞在布標上裝飾,海洋氣息濃厚的夏日包就完成囉。

春日散步包 附有版型

✄ 材料

袋身

1. 裡布袋身：30×19cm一片
2. 表布袋身：30×19cm一片
3. 裡布袋蓋：15×7.5cm一片
4. 表布袋封：15×7.5cm一片
5. 表布袋封的蕾絲：25×0.9cm一條
6. 表布正面的蕾絲：7×0.9cm三條
7. 造型髮圈一個（剪8cm當扣條用）
8. 皮革側背條含問號勾：總長128cm×1.5cm一條
9. 塑膠包釦：1.5cm一組
10. 包釦的布：直徑3cm一片
11. 白色布條：4.5×2cm二條（勾皮革背條用）
12. D形環：1.5cm二個

工具

14. 線
15. 針
16. 小剪刀

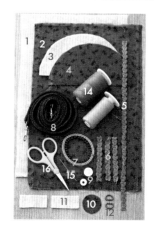

完成尺寸：寬17cm × 高11.5cm × 底5cm（未含提把）

作法 Step by Step

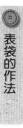
表袋的作法

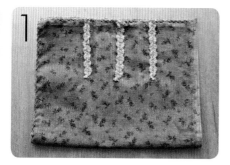

1

縫蕾絲

將碎花表布對折後在正面縫上三條蕾絲，左右皆間隔3cm。

2

縫皺摺

將蕾絲折0.5cm覆蓋車縫，車出三條皺摺。

折0.5cm

3

縮縫袋口

打袋底並縮縫

將表布反面對折，兩側留1cm縫份後車縫，並打好袋底5cm（請參考P18立體袋型的作法），將另一面袋口縮縫成和有蕾絲那一面袋口一樣的寬度。

扣環與裡袋的縫法

4

車縫

對折車縫

將白色布條對折後車縫。

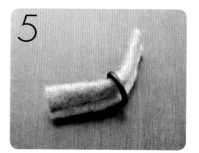

5

套入

將D形環套入布條。

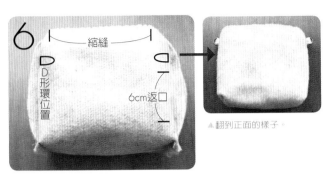

6

縮縫

D形環位置

6cm返口

▲翻到正面的樣子。

車縫裡布

將裡布反面對折後,把D形環夾在左右側袋口下來2.5cm處,留1cm縫份後一起車縫,右側留6cm的返口,然後袋口一樣用平針縫縮縫一圈與表布袋口一樣的寬度。

7

袋封的作法

車縫

扣環與裡袋車縫

將表布袋封縫上蕾絲,將縫線縫在蕾絲中心處。

8

配置髮圈

將裡布袋封與表布袋封正面相對,並將髮圈配置在中心處。

9

車縫

一起車縫

反面留0.5cm縫份後一起車縫。

▲翻到正面的樣子。

10

假縫

假縫

將袋封先用假縫配置在表布袋身的正面。

袋封與裡外袋的縫合

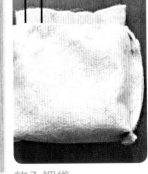

11

放入裡袋

將步驟10的表袋和袋封(正面),一起放入裡袋(正面),然後留1cm縫份後反面車縫袋口一圈。

12

拉出

由返口拉出表袋及袋封,整理一下包型。

13

縫布釦

將包釦作好後縫在正面(包釦作法詳見P.15),縫在袋封蓋上後扣條可扣到的位置。

14

勾上側背條

最後將側背條扣在D形環上,可利用全新或自己組裝的背條來組合,春日散步包就完成囉。

完成尺寸：寬25cm × 高20cm（未含提把）

聖誕節的包 附有版型

✖ 材料

袋身
1. 表布袋身：27×30cm一片
   （袋口需縮縫到20cm）
2. 裡布袋身：27×30cm二片
   （袋口需縮縫到20cm）
3. 袋口包邊布條：23×4cm
   （寬的縫份上下各內折0.5cm）
4. 裡布的小口袋：15×11cm二片
5. 棉花
6. 皮革提把：42×2.3cm二條
7. 皮革細條：37cm一條
8. 聖誕樹後片一片
9. 聖誕樹前片一片
10. 裝飾小雪花數片
11. 木釦子：1.2cm一顆

工具
12. 線
13. 粉圖筆
14. 小剪刀
15. 手縫粗針
16. 針

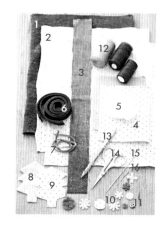

🧶 作法 Step by Step

表袋的作法

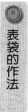

1

裝飾
將木釦和小雪花縫在表布的右下方。

🐻 麻球教室

此表袋原本是一條圍巾，所以
袋身是一體成形的，不用再另
外裁剪表布，你也可以剪下
二手衣服的腰身部份來作為
袋身，可以省去車縫左右側的
步驟，如果要自行裁剪布料的
話，就是和裡布一樣的剪法
喔！

2

縫袋底
留1cm縫份後，翻到反面車縫袋底。

布標與袋身的縫法

3

縫小雪花
將口袋的正面縫上小雪花。

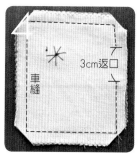

3cm返口

車縫

反面車縫

將二片口袋正面
相對，留1cm縫
份後車縫一圈，
在右側留3cm返
口，並在四端各
剪下一角。

3

翻到正面

將口袋翻面後用隱針縫縫合返
口，在袋口用平針縫裝飾。

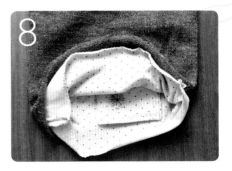

袋封的作法

配置口袋

將口袋配置在裡布後片,位置在中心點下來5cm處。

車縫裡袋

將裡布正面相對後,留1cm縫份後車縫。

套入

將裡袋(反面)整齊放入表袋(反面)。

袋口包邊的作法

對折車縫

將布條反面對折,留0.5cm縫份後,將兩端縫合。

縮縫袋口

用平針縫縫袋口,拉線使袋口與和布條一樣寬。

套入袋口

將布條反面套入袋口,留0.5cm縫份後車縫一圈。

包覆袋口

再將布條往內折0.5cm後,往裡折將袋口包覆,然後與裡袋車縫一圈。

▲袋口包邊完成。

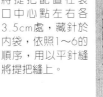

提把的縫法

縫提把

將提把配置在袋口中心點左右各3.5cm處,藏針於內袋,依照1~6的順序,用以平針縫將提把縫上。

麻球教室

皮革提把材質較硬,可先放在軟墊上用鐵釘+鐵鎚預先敲洞,之後會比較好縫合喔。

吊飾的作法

裝飾

在聖誕樹的表布縫上小雪花,可搭配結粒繡來增添立體可愛感。

塞棉花

將表裡布反面相對後,上方加入皮革細條,用平針縫縫一圈固定,在最後完成時塞入棉花後再縫合。

完成

將聖誕樹繞在提把上就完成囉。

我們家的鑰匙袋 附有版型

✖ 材料

袋身
1. 表布前片：31×31cm一片
2. 表布後片：31×31cm一片
3. 裡布前片：31×26cm一片
4. 裡布後片：31×26cm一片
5. 表布提把：36×5cm二片
6. 裡布提把：36×5cm二片
7. 口袋：10×11cm六片
8. 小圓布：直徑1.5cm六片
9. 鑰匙拼布一片

工具
10. 線
11. 小剪刀
12. 針

完成尺寸：寬26cm×高29cm（未含提把）

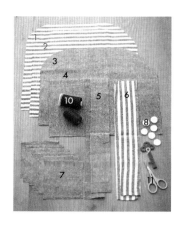

作法 Step by Step

裝飾鑰匙

縫上鑰匙

將鑰匙拼布配置在表布前片的右下角，約離布邊各5cm處，先縫鑰匙柄的三個圈圈，以回針縫將鑰匙縫合裝飾。

小口袋的作法

縫數字

用消失筆畫上數字，再以針縫縫上1的數字，其它的2、3、4、5、6的數字也分別縫上。

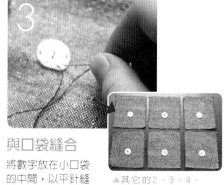

與口袋縫合

將數字放在小口袋的中間，以平針縫固定一圈。

▲ 其它的2、3、4、5、6的數字也分別縫上。

熨燙縫份

因為是選擇比較硬質的布料，所以先熨燙縫份，之後會比較好車縫，將口袋的袋口內折2cm縫份，左右側及袋底內折1cm縫份後熨燙。

裝飾袋口

以平針縫裝飾袋口，其它2、3、4、5、6的數字也分別熨燙及裝飾袋口。

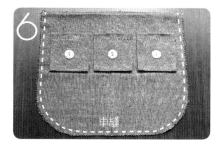

與裡袋縫合

將數字1、2、3的口袋配置在裡布前片，位置在袋口下5cm處，每個袋間隔約1cm，可先用在絲針固定後再車縫，以同樣的作法，將數字4、5、6的口袋縫在裡袋的後片。

提把的作法

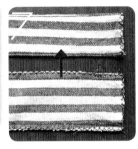

縫提把

將提把反面朝上,留0.5cm縫份後車縫兩側,再將提把推回正面。

提把與表布裡布的車縫

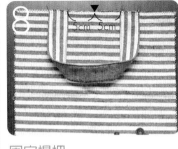

固定提把

將提把以絲針固定在表布前片,位置在取袋口中心點左右各5cm處。

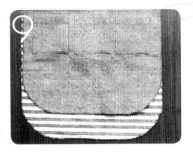

與裡袋一起縫合

將步驟6作的裡布前片(有123小口袋),正面朝內與表布前片一起車縫固定,袋口留1cm縫份。

加強縫合

翻到正面後,以平針縫縫合提把與袋身的接合處,加強提把的固定。

另一片作法相同

重覆步驟8~10,將裡布的後片(有456口袋)和表布後片及提把一起車縫固定,就形成了兩片袋身。

兩片袋身縫合

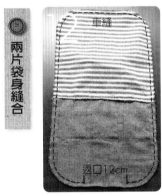

兩片正面相對

將兩片袋身的正面相對配置,留1cm縫份後,一起車縫一圈,在袋底留下12cm的返口。

由返口拉出裡袋

由返口輕輕拉出條紋外袋。

縫合返口

用隱針縫將返口縫合。

裝飾提把

最後用消失筆在提把的左右兩側畫上X的記號,藏針於裡布,照上記號縫上作為裝飾。

▲完成囉

完成尺寸：寬20cm×高11cm×底8cm(含尾巴)

環保蒜袋

附有版型

材料

袋身
1. 蔬果網袋20cm×37cm一個（也可用洗衣網取代）
2. 表布袋身42cm×18cm一片
3. 袋口布條22cm×4cm四片
4. 粗棉線58cm二條
5. 不織布大蒜圖一片
6. 釦子一顆

工具
7. 線
8. 水消筆
9. 小剪刀
10. 針

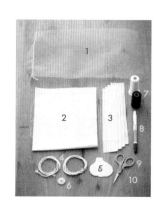

作法 Step by step

大蒜的作法

縫大蒜
用平針縫將大蒜縫在表布袋身的中心處，用回針縫縫上眼睛嘴巴及英文字。

表袋的縫法

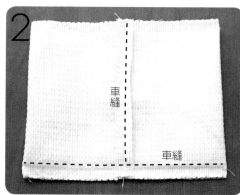

車縫

車縫

縫袋身
將表布袋身返面往中間對折後，留1cm縫份後車縫。

ㄟ～來呀～
2.可開始了

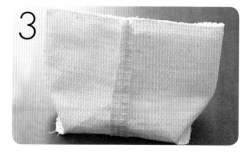

打袋底
在袋底兩端折出三角形，於袋角8cm處車縫一直線後，剪掉多餘的布，使袋形立體（請參考P18立體袋型的作法）。

立體網袋的作法

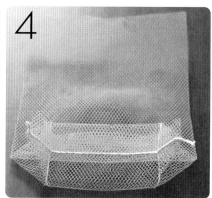

車縫三角形
由於網袋已成一個袋形，所以只要在袋底8cm兩端車縫出二個三角形，網袋就會變的立體了，不需剪掉多餘的地方，網袋會鬆脫。

5

袋身與網袋的縫法

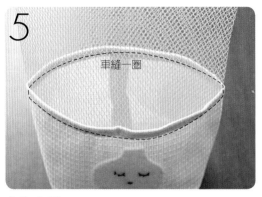

車縫一圈

套入車縫

將袋身翻到正面，套入網袋中，袋口內折1cm縫份二次後，與網袋一起車縫一圈。

6

束口的縫法

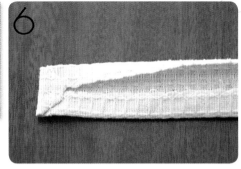

縫布條

將布條上、下各內折1cm，左右兩端內折1cm後車縫固定，做好四條布條。

7

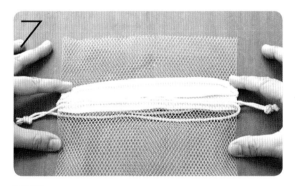

配置

將布條配置在袋口下來7cm處，和網袋一起縫合，前後各配置二條布條，先車縫上方固定，接著將粗棉線放在布條的中間，打結的部份一個在左、一個在右配置。

8

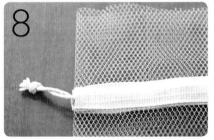

縫下方布條

配置好粗棉條後，將下方內折1cm縫份後車縫固定。

9

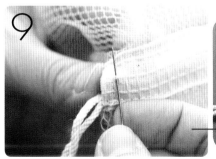
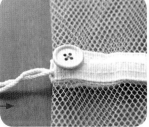

縫釦子

挑起一些布條的布，縫上釦子裝飾，注意不要挑到棉線，以免束口時卡住。

10

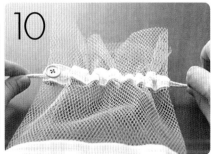

完成

將棉線左右拉緊，就是可愛的大蒜束口袋囉。

馬鈴薯儲物袋 ▶附有版型

✂ 材料

袋身
1. 表布袋身30×29×提把18cm二片
2. 裡布袋身30×29×提把18cm二片
3. 馬鈴薯拼布一片
4. 小手二隻
5. 小腳二隻

工具
6. 線
7. 小剪刀
8. 針

完成尺寸：寬23cm × 高28cm × 底8cm（未含提把）

🧶 作法 Step by step

口袋的作法

縫馬鈴薯裝飾

將馬鈴薯拼布配置在表布的正面，用車縫或回針縫固定身體，再用平針縫縫身體、手腳的紋路及嘴巴，用結粒繡法縫眼睛。

製作表袋及裡袋

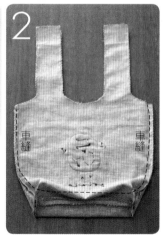

縫表袋

將表布正面相對，留1cm縫份後車縫左右側及袋底，在袋底折出三角形，於8cm處做記號然後車縫直線後剪掉多餘的布，使袋形立體。

縫裡袋

將裡布正面相對，留1cm縫份後車縫左右側及袋底，在右側留下10cm返口，然後在袋底折出三角形於8cm處做記號然後車縫直線後，剪掉多餘的布，使袋形立體。

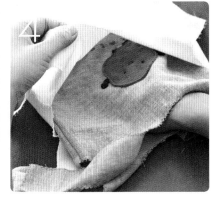

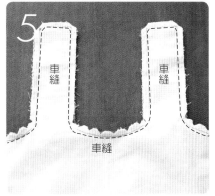

車縫提把

車縫提把處,因為布的材質沒有延展性,所以要在圓弧處剪牙口,翻面時才不會使袋型凸起,如果是彈性棉則不在此限。

快完成了

套入

將表袋與裡袋正面相對放入。

拉出

由返口拉出表袋,提把較細長的地方不好翻面,可以用筆或筷子來輔助。

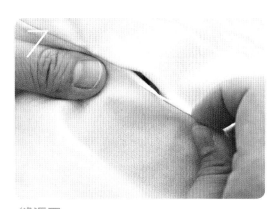

縫返口

用隱針縫將返口縫合。

連接提把

將提把的兩端重疊1cm連接車縫,可縫兩次加強固定。

車縫壓線

翻到正面後,在袋口下0.2cm處,冉車縫一次使袋型牢固及完整。

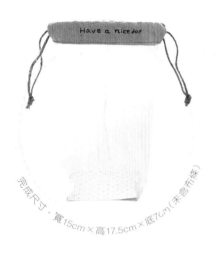

美味禮物袋 附有版型

✂ **材料**

袋身
1. 透明防水布32×23cm一片
2. 布條19×7cm二片
3. 粗麻繩58cm二條

工具
4. 咖啡色布用顏料
5. 針
6. 線
7. 細水彩筆
8. 小剪刀

完成尺寸・寬15cm×高17.5cm×底7cm(未含布條)

 作法 Step by Step

袋身的作法

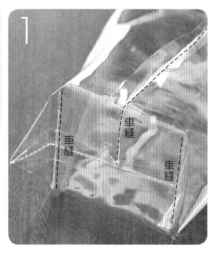

1

車縫　車縫　車縫

車縫袋身

將防水布往中間對折後,留1cm縫份後車縫,袋底兩端折三角形,在7cm處做記號後車縫,剪去多餘的布,做出立體袋型。

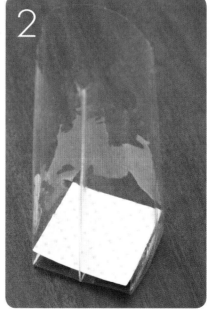

2

上果 5cm

車縫袋身

翻到正面後,可在底部放一塊小紙板,比較好放置禮物。

製作表袋及裡袋

車布標

將二片布標左右各內折0.5cm兩次後，車縫直線固定。

縫裡袋

在布條寫上「Have a nice day」的字，待水彩乾後稍微熨燙一下以固定顏色。

麻球教室

透明防水布屬於塑膠材質，所以在使用熨斗時要注意不要燙到防水布，以免損壞喔！

布條與袋身的縫法

與袋口車縫

將布條反面與袋口對齊後，在袋口下來1cm處，留1cm縫份車縫一圈，接著將麻繩套入，將麻繩的結一個在左、一個在右配置。

麻球教室

車縫透明防水布時，可在要縫的地方撒上一點痱子粉或麵粉，增加摩擦力，縫塑膠布就不會很容易滑動囉。！

內折車縫

將布條往內折0.5cm，再往上包住麻繩，一起車縫袋口一圈，注意「Have a nice day」的字樣要剛好置於中間，所以在縫合時要注意位置，車縫時小心別縫到麻繩了。

完成

放進喜歡的禮物或果醬，左右束起麻繩，可愛的禮物袋就完成囉。

有點酸嗎？
休息一下

棉被袋 附有版型

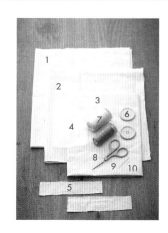

✄材料

袋身
1. 表布（前）52×62cm一片
2. 表布（後）上片52×28一片
3. 表布（後）下片52×48一片
4. PVC透明袋14×10cm一件
5. 布條15×4二條
6. 大木釦直徑4cm二顆

工具
7. 線
8. 小剪刀
9. 針
10. 絲針

完成尺寸：寬50cm×高60cm

作法 Step by Step

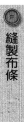

縫製布條

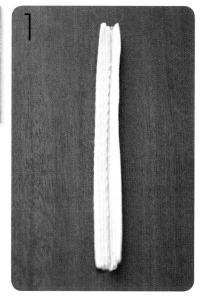

內折車縫

將布條左右內折各1cm縫份，再對折車縫
一直線，車好二條布條備用。

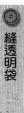

縫透明袋

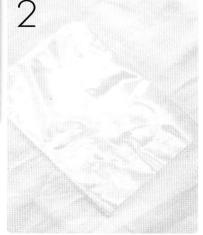

用平針縫

將PVC透明袋用米色線以平針縫
或車縫邊緣留0.2cm縫份縫在表布
（前）橫放的右下方，可放入家人
蓋棉被的可愛圖片。

3

縫上布條

取出表布（後）上片，將反面的一邊內折2次後，放進二條布條一起車縫，布條的位置配置在中心點左右各12cm處，形成袋子的二個扣環。

4

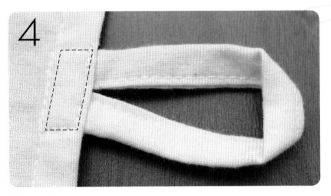

車扣環

將布條往外折車縫一個長方框，作為裝飾與固定，讓扣環露在外面。

5

車縫

反折車縫

將表布後片的另一片也內折3次後車縫一直線。

6

做記號

將表布後片（下）正面與表布前片正面相對於下端對齊後，再將表布後片（上）正面疊在上端，用消失筆點出木釦縫製的位置。

7

縫釦子

先將表布後片的上片和下片釦上木釦，這樣等一下要車縫時比較方便喔。

8

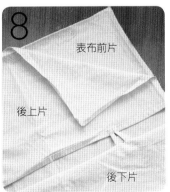

表布前片

後上片

後下片

一起車縫

表布（前）片正面與步驟7的袋身，正面相對後一起車縫一圈，四周留1cm的縫份。

9

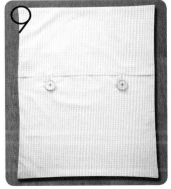

翻到正面

從開口翻到正面後，實用好收納的棉被袋就完成囉。

西洋梨抱枕袋　附有版型

✂ 材料

袋身
1. 點點表布：48×45cm一片
2. 棕色表布：48×45cm一片
3. 葉子二片
4. 樹根：21×4cm一片
5. 口袋：26×20cm一片
6. 棉花（需可以塞滿抱枕的量）

工具
7. 線
8. 小剪刀
9. 棕色布用顏料
10. 針
11. 絲針

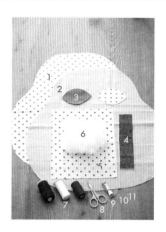

🏵 作法 Step by Step

葉子和樹枝的作法

1

返口3cm

反面車縫

將樹枝的布反面對折留0.5cm縫份車縫一圈，留下方為返口，葉子的布正面相對後，留0.5cm縫份車縫一圈，右側留下3cm作為返口。

2

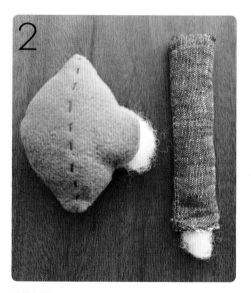

塞棉花

將葉子和樹枝翻到正面後塞入棉花，葉子可用平針縫加以裝飾，然後將葉子的返口密縫，樹根尾端要保留一些縫份，所以不要塞太多棉花。

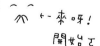

好，來呀！
開始了

口袋的作法

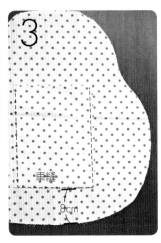

縫上布條

將口袋的袋口內折1cm兩次後車縫固定，左右及袋底皆內折1cm縫份車縫在點點表布，將口袋配置在中間，底部連縫份上來8cm的位置。

快完成了

袋身的作法

裝飾

沾上顏料在棕色表布右下方畫上點點裝飾，待乾後，用熨斗熨燙定色。

放葉子樹枝

將樹枝、葉子配置在棕色表布的正面。

放點點表布

點點表布正面朝下，與棕色表布整齊放置。

返口6cm

車縫

車縫剪牙口

整理放置後，留1cm縫份後一起車縫，並在下端中心點處端留6cm返口，縫完後剪牙口一圈。

拉出

由返口拉出翻到正面。

塞棉花

塞入棉花使抱枕飽滿，記得不要塞的太緊實，後面的口袋才好放入你的筆記本喔！

縫返口

以隱針縫密縫返口。

完成

最後在返口的位置以平針縫裝飾，將縫線蓋住，超可愛的西洋梨抱枕就完成囉。

完成尺寸：寬38cm × 高16.5cm × 底15cm（未含握把）

悠閒下午茶袋 ◀附有版型

✖ 材料

袋身
1. 卡其色裡布：50×40cm一片
2. 白色表布：50×40cm一片
3. 提把：28×7.5cm二片
4. 有膠面的薄襯
5. 茶壺一片
6. 茶壺握把二片
7. 大水滴、小水滴共五片
8. 木釦：1.9cm一顆
9. 棉花

工具
10. 線
11. 小剪刀
12. 針

作法 Step by Step

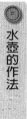
水壺的作法

熨燙薄襯
將剪下來的水壺、4片小水滴及1片大水滴分別在反面熨燙上薄襯，可選擇有膠面的布作為薄襯，熨燙後可讓原本軟質的布變的更硬挺，布緣不易脫線。

縫上水滴
用平針縫將4片小水滴縫在水壺的右下側，每針間隔約0.3cm。

裝飾圖框
先用水消筆在水滴周圍畫圖框，再用平針縫裝飾，每針的間隔0.5cm。

▲裝飾完成。

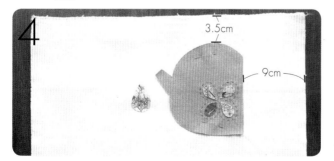

3.5cm

9cm

配置位置
將白色表布對摺後，先用絲針把水壺固定在表布正面，位置在右側9cm，袋口下來連縫份3.5cm的地方，大水滴則配置在水壺口邊。

車縫

車縫握把
將水壺握把正面相對後，留下0.5cm的縫份車縫，兩邊的側開口不用車縫。

塞入棉花

將握把翻到正面後塞入適量的棉花，兩側開口留1cm不塞棉花，要作為縫份。

▲ 塞完棉花的握把看起來立體又飽滿。

T……喝1杯茶。

固定握把

將提把配置在水壺右上側，並車縫水壺一圈固定握把，接著用水消筆畫上水壺蓋的記號。

裝飾水壺蓋

以平針縫裝飾水壺蓋的線，每一針間隔約0.5cm。

縫釦子

在水壺蓋端的中央縫上木釦裝飾。

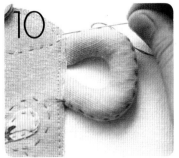

裝飾提把

以平針縫裝飾水壺提把。

裝飾水滴

以平針縫縫合大水滴。

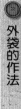

外袋的作法

15cm

車縫表布

將表布翻到反面後，對摺留1cm縫份後，車縫左右兩側。

車縫　　車縫

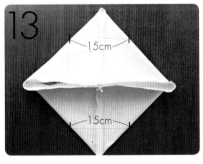

15cm
15cm

折三角形

將袋底兩端折三角形後，離袋角15cm處畫上記號（請參考P18立體袋型的作法）。

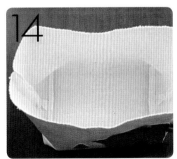

車縫記號

在記號處車一直線，留1cm縫份後剪去多餘的布，將袋子翻到正面後，袋型就會變立體囉。

裡袋的作法

返口10cm

車縫裡袋

將內裡袋身翻到反面對摺後,車縫左右兩側,在袋口下5cm處留下10cm的返口。

作記號車縫

裡袋兩端也折三角形在15cm處做記號,車縫後再剪去多餘的布,讓袋型立體(作法同步驟13~14)。

提把的作法

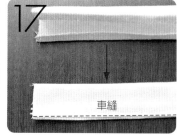

車縫

縫提把

將提把正面朝上,對摺後再往內摺1cm車縫。

提把與外袋、裡袋的縫合

4cm 4cm

用絲針固定提把

先用絲針將提把固定在外袋的前後,位置在袋口中心點的左右4cm處。

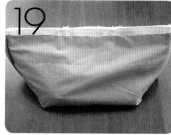

套上裡袋

將外袋整個套入裡袋中(正面對正面)。

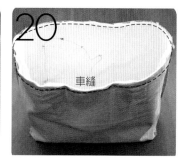

車縫

車縫一圈

留1cm縫份後,一起車縫袋口一圈。

由返口拉出

由側面返口將外袋拉出。

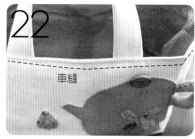

車縫

加強車縫

將裡袋塞入後,在袋口處再車縫一圈加強提把的牢固。

密縫返口

最後用隱針縫將返口縫合,茶袋子就完成囉!

完成尺寸：寬12cm×高10cm×底7cm(不含提把)

雪花口金包 <附有版型>

✂ 材料

袋身
1. 表布A一片
2. 表布B一片
3. 表布C一片
4. 表布D一片
5. 裡布a一片
6. 裡布b一片
7. 裡布c一片
8. 裡布d一片
9. 10cm口金一個
10. 提把44*1.8cm一條
11. 白色、灰棕色、湖水藍、
　　藍色羊毛少量

工具
12. 珠針或絲針
13. 線
14. 羊毛氈工作墊
15. 小剪刀
16. 羊毛針
17. 針

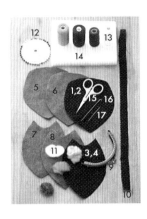

作法 Step by Step

表袋的作法

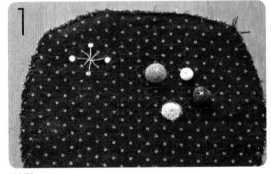

裝飾
將羊毛撮成數顆大小不一的羊毛球，縫在表布的前片，可結合米字縫法或十字縫法，增添雪花的氣息。

四片縫合
將表布袋身四片A～D如圖配置，然後留1cm縫份後反面車縫，形成一個袋型。

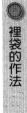
裡袋的作法

縫裡袋
取裡袋的四片a～d，袋型的縫法同步驟2。

表袋與裡袋的縫合

套入
將表袋（正面）由下往上放進裡袋（反面）。

5

車縫袋口

袋口車縫一圈後，留下5cm返口，先剪一圈牙口後慢慢將袋子翻到正面。

6

縫返口

用隱針縫將返口縫合。

袋子與口金的縫合

7

取中心點

找出袋子的中心點，用絲針固定位置。

8

第一針

由裡袋中心點下針穿出表袋的中心點，縫合時用粗一點的手縫線縫合較為牢固。

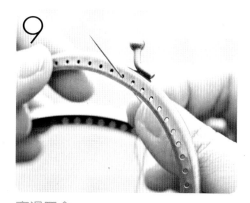

9

穿過口金

穿過口金中間的孔洞，即完成第一針。

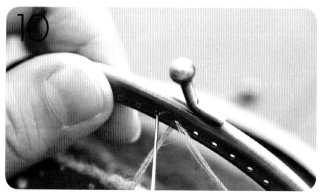

10

第二針

再穿過下一個孔洞為第二針，持針時稍微斜一點點才能穿過口金。

11

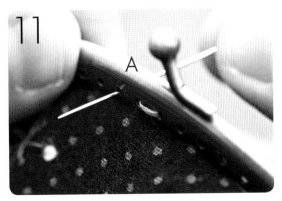

將布塞入

由內出針為A點，邊縫時邊將布塞入口金。

12

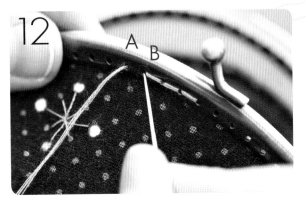

往回縫

接著由A點往回縫到B點，如此循環的縫法就可將口金固定。

13

兩面皆縫合

同樣的縫法，將兩面的口金
都縫合固定。

▲完成。

提把的縫法

14

車提把

將提把往內折0.5cm縫份後再對折，車縫布條邊及上
下兩端。

15

套入口金

將提把套入口
金的吊飾孔拉
出2cm的布條
後，將布條上
提至1cm，並
往內折入1cm
縫合固定。

16

縫羊毛球

撮好兩個小羊毛
球，縫在提把上
裝飾即完成。

點點帳單收納袋 附有版型

❋ 材料

袋身
1. 有拉鏈的布製文件袋：33cm×25cm一個
2. 裡布：35×49cm一片
3. 皮革提把：40×2.5cm二條
4. 釦子4顆

工具
5. 小剪刀
6. 粗手縫針（縫提把）
7. 針
8. 麻繩
9. 線

完成尺寸：寬33cm × 高18cm × 底9cm（未含提把）

作法 Step by Step

裝飾袋子

1

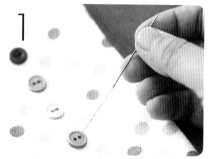

縫上釦子
在袋子正面縫上釦子作為立體裝飾，釦子的顏色可選擇和袋子同色系的，或是可互相搭配的顏色。

麻球教室
文件袋可至書局、文具店或是坊間39元的日本小物店都可購買到。

開始了～來吧！

立體袋型的作法

2

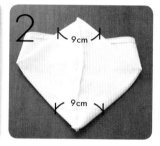
9cm
9cm

打袋底
將袋子翻到反面後，離上下袋角9cm處，用消失筆畫出二條車縫線（請參考P18立體袋型的作法）。

3

 →  →

剪掉多餘的布
車縫後，留下1cm的縫份，將多餘的布剪掉。

▲上下剪好的樣子。

▲將袋子直立後，袋型就會變成立體的囉。

車縫布邊

裡布為棉麻材質,布邊容易有虛線,所以先車縫布邊以免布邊脫線。

對折車縫

將裡布反面朝外對折,左右留1cm縫份後車縫。

作記號車縫

將袋底兩端折三角形,上下離袋角兩端12cm處,畫上車縫記號(作法同步驟2、3)。

剪掉多餘的布

留下1cm縫份後,將多餘的布剪掉。

套入袋子

裡袋不用翻面(車縫面朝外),將裡袋直接套入點點袋裡。

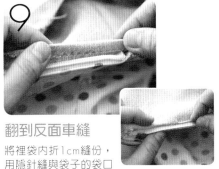

翻到反面車縫

將裡袋內折1cm縫份,用隱針縫與袋子的袋口縫合一圈。

▲完成。

提把的縫法

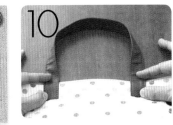

量好距離

先找出袋口的中心點,離中心點左右6cm處就是提把的位置,提把也可以剪下舊皮包的提把再利用喔!

縫提把

用粗的手縫針穿上麻繩,由內向外出針,再從1穿到2,因為提把是皮質的有一些厚度,所以使用粗手縫針時需要用一點力氣,注意要小心操作不要受傷囉,捉把可預先打洞再縫較好製作。

照著號碼縫

以1、3、5出針,2、4、6入針的方式,按照1~6的順序縫,二邊的提把都要縫合,一邊縫時要一邊拉緊麻繩,提把才會固定。

打結完成

最後在裡布打上一個結,就完成囉。

完成尺寸：寬22cm×高19cm

男孩・旅行布包夾 附有版型

❌材料

袋身

1. 咖啡色表布：24×21cm一片
2. 咖啡色裡布：24×21cm一片
3. 白色布襯：24×21cm一片
4. 裡布口袋（右A）：21×11cm一片
5. 裡布口袋（右B）：21×10cm一片
6. 裡布口袋（左A）：21×10cm一片
7. 裡布口袋（左B）：21×9cm一片
8. 扣帶表布：7×4cm一片
9. 扣帶裡布：7×4cm一片
10. 彈簧按釦：1.4cm一組
11. 木釦：1.4cm一顆

工具

12. 線
13. 針
14. 粉圖筆
15. 小剪刀

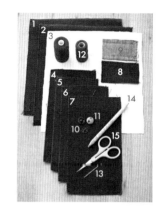

🌼作法 Step by Step

表布的縫法

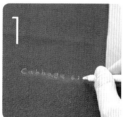

1 寫上名字

用粉圖筆在表布的正面右下角寫上對方的英文名字或暱稱。

2 縫製

沿著筆跡用回針縫繡上名字。

3 加布襯

在表布的反面熨燙上布襯增加厚度。

4 縫下釦

在表布正面的左側取出中心點，在縫份進來2cm處，縫上彈簧扣的下釦（凹的那一面）。

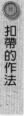
扣帶的作法

5 縫扣帶

將扣帶的表布裡布正面相對，留0.5cm縫份後車縫，需留一邊作為返口，車縫後再剪下左邊兩端的縫份剪掉，以免翻面時縫份太厚而使扣帶凹凸不平。

▲翻面完成

6 縫下釦

扣帶裡布取出中心點，在縫份邊進來1.5cm處，縫上彈簧釦的下釦（凸的那一面）。

▲穿上木釦。

▲扣帶完成。

縫木釦

彈簧釦縫完後，不用收針，直接將針穿到表布，縫上木釦裝飾。

口袋的作法

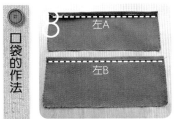

左A

左B

右A

右B

內折車縫

將口袋右A、右B、左A、左B袋口內折0.5cm二次後車縫一直線。

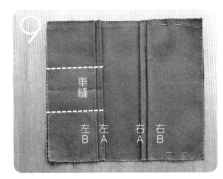

車縫

左B 左A 右A 右B

袋身與扣帶的縫合

配置口袋

將放卡的口袋（左A、左B）配置在裡布正面的左邊，將放存摺護照的口袋（右A、右B）用珠針固定在右邊，你也可依喜好習慣來配置口袋，配置好後將左邊口袋平均分三等分，車縫兩條直線與裡布袋身固定。

配置扣帶

將表裡布正面相對後，將扣帶配置在中間點。

用絲針固定

車縫前先用絲針固定好配置的位置，也就是說都是表裡布都是翻到反面一起車縫。

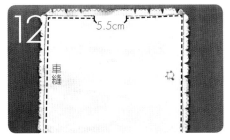

5.5cm

車縫

車縫後剪牙口

留1cm縫份後一起車縫，記得上方要留下5.5cm的返口（袋子中間沒有口袋的那一段），因為是使用比較厚的帆布，所以要修剪四邊的牙口，翻面後才不會使縫份處過厚而凹凸不平。

翻到正面

由返口翻到正面，可用筆來輔助將袋子四邊的形狀調整一下。

完成

最後用隱針縫將返口縫合，熨燙一下使布包平整就完成囉。

大樹鑰匙串

`附有版型`

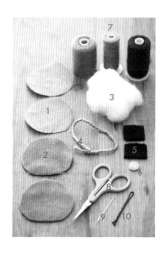

✄ 材料

袋身
1. 大樹棕色裡布7.2×6.8cm二片
2. 大樹綠色表布7.2×6.8cm二片
3. 棉花
4. 麻繩20cm一條
5. 樹根3×2.5cm二片
6. 小圓布直徑1cm一片

工具
7. 線
8. 小剪刀
9. 針
10. 髮夾

完成尺寸：長6.2cm×寬5.8cm

作法 Step by Step

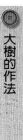
大樹的作法

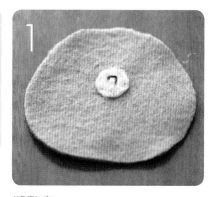

1

縫數字
將小圓布用平針縫縫在綠色表布，用回針縫縫數字，可繡上自己喜歡的數字。

2

車縫
返口2cm

二片縫合
取一片綠色表布和一片棕色裡布正面相對車縫一圈留0.5cm縫份，在大樹中心點下方留2cm返口，另一組也同樣車縫。

3

塞棉花
將大樹翻到正面，用筆輔助塞入棉花讓大樹胖胖的。

4

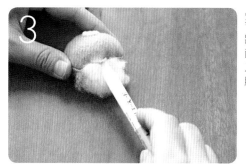

做樹根
二片樹根也是反面車縫0.5cm後，由開口翻到正面塞入適量棉花，如圖做好二片大樹及樹根。

組合大樹

先縫樹根

將樹根放入大樹（沒有數字的）的返口中，用隱針縫將樹根及大樹密縫。

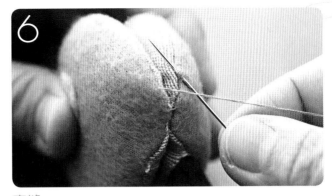

密縫

將另一片大樹（有數字的）用隱針縫先將返口縫合，接著兩片大樹對齊密縫，因為大樹有塞棉花，所以手要壓緊兩片大樹，線要縫在綠色的位置，邊縫時邊拉緊線，才能將大樹緊緊縫合。

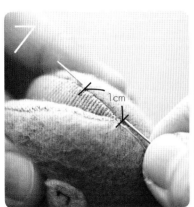

1cm

留開口

縫到大樹上方的中心點時，將兩片大樹平均留1cm的開口不縫合。

▲隔1cm後接著繼續密縫。

裝飾

另一面大樹用平針縫的縫法來美化裝飾。

穿鑰匙

先將鑰匙套上麻繩打結，然後用髮夾夾住麻繩。

穿過大樹

將髮夾穿過剛剛預留的開口，然後拉出鑰匙就完成囉。

喝1杯茶。

完成尺寸·寬38cm×高18cm×底12cm（未含提把）

餐·袋子

附有版型

✖材料

袋身
1. 表布袋身50×40cm一片
2. 裡布袋身50×40cm一片
3. 裡布薄襯50×40cm一片
4. 提把28×7.5cm二條
5. 提把薄襯28×7.5cm二條
6. 米色蕾絲5.4cm三條
7. 木湯匙、木叉子共三根

工具
8. 線
9. 小剪刀
10. 針

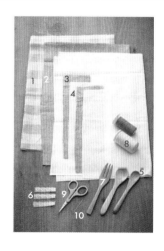

作法 Step by Step

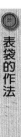

表袋的作法

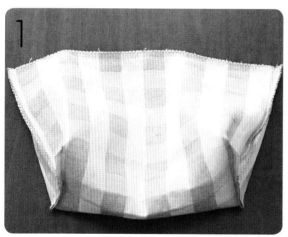

縫袋身

將表布反面對折，留1cm縫份後，車縫左右兩邊，從袋底量出12cm的三角形後，車縫一直線然後剪去多餘的布，做出立體袋型（請參考P18立體袋型的作法）。

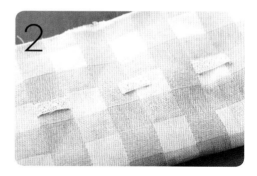

縫蕾絲

將三條蕾絲平均配置在表袋正面，車縫時將蕾絲左右各內折0.5cm二次再車縫，使縫份漂亮。

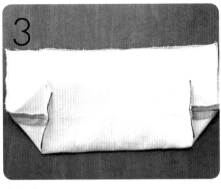

車縫裡袋

先將裡布熨燙一層薄襯，增加袋身的挺度，若布料夠厚則不需再另外燙襯，接著反面對折車縫做出立體袋型（同步驟1）。

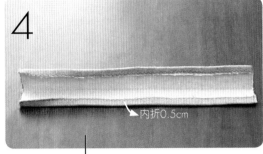
內折0.5cm

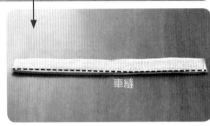
車縫

縫提把

將薄襯燙在提把的反面後，上下皆內折0.5cm，然後再對折車縫固定，做出二條提把。

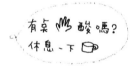
有桌碗酸嗎？休息一下

固定木湯匙

將木湯匙、木叉子放進蕾絲中，檢查一下湯匙是否會鬆動，可以用平針縫將蕾絲左右固定一下，使空隙變小，湯匙放入後就不會滑動掉出了。

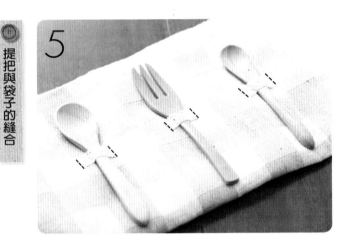

配置提把

將裡袋反面放進表袋（反面），接著將提把配置在袋口中心點左右各6cm處，將表袋和裡袋的袋口各內折1cm縫份後，一起車縫一圈，可以先用絲針固定較好車縫。

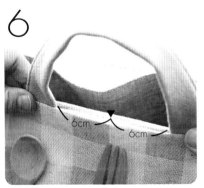
6cm　6cm

▲車縫袋口一圈後即完成。

完成尺寸：寬19.8cm×高24cm

生活‧旅行夾鏈布袋 <附有版型>

✄ 材料

袋身
1. 表布袋身前片29×21.8cm一片
2. 表布袋身後片29×21.8cm一片
3. 裡布袋身前片23.5×21.8cm一片
4. 裡布袋身後片23.5×21.8cm一片
5. 布條16×4cm一條
6. 夾鏈一個：長19.6cm×上下縫份1.8cm
7. 小木釦子1.2cm

工具
8. 珠針
9. 線
10. 消失筆
11. 小剪刀
12. 針

作法 Step by Step

裡袋與夾鏈的縫法

袋口內折1cm

與夾鏈縫合

將裡布正面相對，留1cm縫份後車縫左右及袋底，接著將袋口內折1cm縫份後，配置在夾鏈下端的裡面，與夾鏈車縫一圈固定。

麻球教室

有些餅乾袋或放置蔬果的袋子都是用夾鏈袋的方式收納，如果餅乾吃完了，這時候袋子可千萬不要丟掉喔，留下空的袋子，若袋子毀損可剪下夾鏈的部份，這些都是做包包的好素材喔，留意生活週遭的小地方，你也可以發現手作的驚喜。

表袋的作法

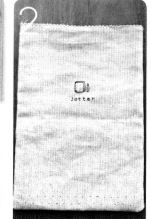
Jotter

縫製圖案

用水消筆在表布袋身繪圖，並以迴針縫縫上圖案，下方可用平針縫縫上點點裝飾增加雜貨感。

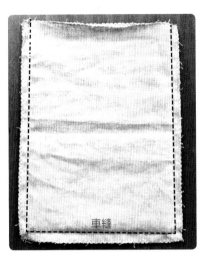

車縫表袋

將表布正面相對，留1cm的縫份後車縫兩側及袋底。

休息一下吧！

表袋與裡袋的縫合

配置袋身

將裡袋（反面）整齊的放進表袋

▲ 車縫袋口一圈。

▲ 車在縫合時記得裡袋、表袋、與夾鏈之間的間距約0.5cm，這樣較好開合。

布條的作法

縫袋口

將袋口內折二次1cm的縫份縫合，因為夾鏈是塑料材質，與布車縫時很容易滑動，所以可先用絲針固定假縫。

反面對折

將布條反面對折後，上下兩端留0.5cm後車縫。

翻正面車縫

接著將布條翻到正面，將兩側內折0.5cm車縫，布條即完成。

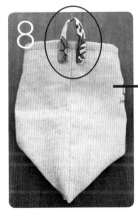

縫布條

將布條配置在袋口的左側，袋口下3.5cm與中心點間距各1cm後，固定布條的邊端。

完成

最後縫上小木扣裝飾就完成囉。

完成尺寸：直徑14.4cm×高20.2cm

杯碗收納包　附有版型

✄材料

袋身
1.裡布袋身42.4×22cm一片
　（尺寸可自行量你家碗的寬度）
2.表布袋身42.4×22cm一片
3.裡布袋底直徑14.4cm一片
4.表布袋底直徑14.4cm一片
5.小布條10×4cm一條
6.碗口拼布一片

工具
7.線
8.小剪刀
9.針
10.消失筆

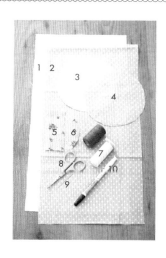

作法 Step by Step

碗的縫法

用消失筆畫

先用消失筆在表袋的中心處畫好碗形圖、bowl英文字及小花,接著用平針縫縫碗的輪廓,用回針縫繡上bowl的字及小花,最後再將碗口的拼布縫上。

製作表袋及裡袋

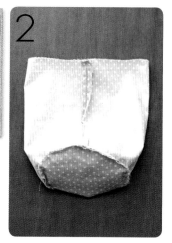

圓形袋身

先將表布袋身反面對折後,留1cm縫份車縫,接著組合上圓形袋底一起縫合,作出圓形的袋身。

車布條

布條對折後內折0.5cm縫份,車縫布條邊線一圈,再夾在表袋袋口1cm縫份處車縫固定。

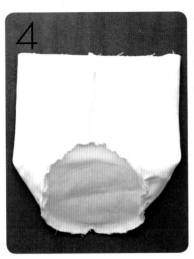

留返口

將裡袋袋身反面對折後，留1cm縫份車縫，中間留10cm返口，接著配置上圓形袋底一起縫合，作出圓形的袋身。

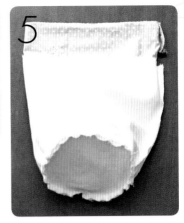

放入裡袋

將表袋正面放進裡袋（正面）。

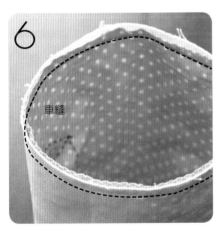

車縫

車縫袋口

在袋口留1cm縫份後，反面車縫袋口一圈。

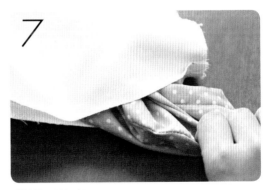

從返口拉出

從返口慢慢拉出表袋。

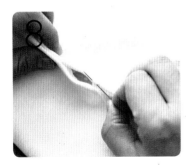

縫返口

用隱針縫將返口密縫起來，並熨燙一下使縫份平整。

反反反⋯⋯
完成嚕

車縫壓線

在正面袋口處再車縫一圈，使袋身更牢固。

135

小妝包 附有原寸小花圖

完成尺寸：寬13cm×高19cm

✖ 材料

袋身
1. 橢圓形隔熱手套：18.5cm×13.5cm一塊
2. 拉鍊18cm一條
3. 拉鍊13cm一條
4. 粉色釦子三顆

工具
5. 線
6. 小剪刀
7. 針

 作法 Step by Step

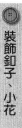
裝飾釦子、小花

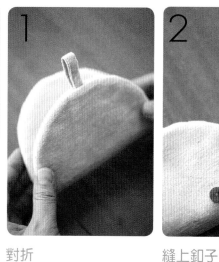

對折

將隔熱手套整齊
對折，開口朝外
做為正面。

縫上釦子

將三顆釦子縫在袋身的正面做為
裝飾。

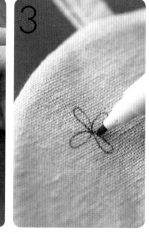

畫上小花

用消失筆在正面畫上小花的
圖案。

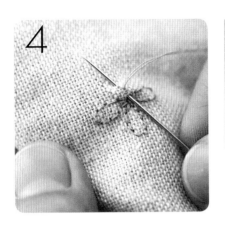

4

縫上小花
用回針縫法縫上淡粉色的小花。

拉鍊與包的縫合

5

對齊位置
袋身背面的開口要縫上13cm的拉鏈，縫合前先把拉鏈放到開口處，比對一下位置是否剛好。

6

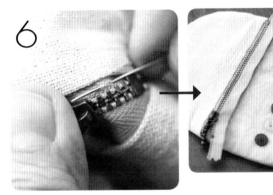

縫拉鏈
用隱針縫法將拉鏈縫上，邊縫時要隨時注意拉鏈上下對稱，不要讓位置跑掉了。

7

配置拉鍊
將袋子翻到反面找出中心點，將18cm的拉鏈用絲針固定在中間。

8

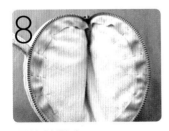

用絲針固定
將拉鏈打開，用絲針將拉鏈與裡布一起固定，手縫時較不容易滑動。

9

用隱針縫
藏針於裡布，用隱針縫從右邊縫合拉鏈與袋口。

10

打結收針
兩側拉鏈都縫合好後，在內側打結就完成囉。

完成
將包包翻到反面，為了防止拉鏈的布翹起來，我們以平針縫來加以固定拉鏈就完成囉。

可可點筆袋

✂ 材料

袋身
1. 四方格熱墊19.3×18.3cm一片
2. 拉鍊12cm一條
3. 毛球直徑3cm一粒
4. 不織布1.5×3.5cm二片
   （修飾拉鍊頭尾用）
5. 麻線15cm一條（修飾拉鍊用）
6. 釦子一顆（修飾拉鍊用）

工具
7. 線
8. 小剪刀
9. 針

 作法 Step by Step

裝飾

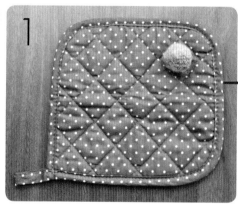

1

▲對折。

縫上毛球
將隔熱墊的小布條朝左平放，對摺即為袋子的正面，然後將毛球縫在右側，小毛球可直接購買現成的，或自己搓羊毛球取代。

拉鍊的縫法

縫不織布
將二片不織布分別包住對折的拉鍊頭和尾，然後以平對針縫固定。

用絲針固定

先用絲針先將拉鏈固定在一邊袋口,對折後把拉鏈打開,用絲針固定另一邊。

從中心點縫

將袋子對折後,從右側中心點入針。

隱藏布條

將拉鏈的拉鏈布條塞到袋子裡,用隱針縫密縫右側。

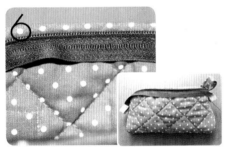

▲翻到反面比較好縫合。

翻反面縫

密縫到拉鏈的止鐵片時,將袋子翻到反面,穿入內裡用平針縫將拉鏈與袋身的布一起緊密縫合,由右側口縫到袋身的左側口。

 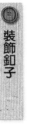

兩邊密縫

兩邊的拉鏈都用平針縫密縫完成後,拉鏈的下方也用平針縫裝飾,可以美化拉鏈,也可以防止拉鏈的布翹起來。

穿麻繩

將麻繩穿入釦子的兩個孔洞。

穿過洞內

將麻繩穿過拉鏈頭的洞內。

繞入

再將麻繩繞入釦子下方。

打死結

將繩子拉直後,打上死結,讓釦子不會掉出,再剪掉多餘的線。

▲完成

139

小蘋果置物袋 附有版型

完成尺寸：寬13.5cm × 高9cm × 底2cm（不含提把）

✳材料

袋身
1. 表布袋身22×14.5cm一片
2. 裡布袋身22×14.5cm一片
3. 小蘋果4.2×3.2cm一個
4. 織帶提把10×1.2cm二片

工具
5. 白色線
6. 透明線
7. 深色麻繩
8. 小剪刀
9. 針

作法 Step by Step

小蘋果的作法

小蘋果造型

從保特瓶剪下一個蘋果的造型，用小剪刀在上下刺穿一個小洞，然後用深色麻繩從反面穿過打結，小蘋果造型即完成。

麻球教室

你可以利用寶特瓶的瓶身或塑料容器來剪出小蘋果的形狀，不論是紅蘋果或是綠蘋果都非常可愛，你也可以用其它素材，例如：不織布、羊毛布，或是用造型串珠來製作，發揮你的創意，做出屬於自己的小蘋果吧！

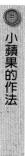
袋身的作法

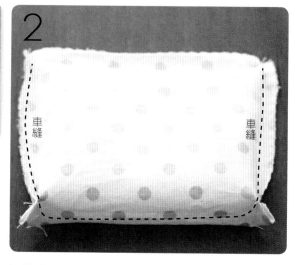

車縫　　　　　　　　　　　　　車縫

打袋底

將表布反面對折，車縫左右兩側，留1cm縫份然後把兩端袋底折出2cm的三角形，車縫直線後，剪去多餘的布使袋型立體，表袋即完成（請參考P18立體袋型的作法）。

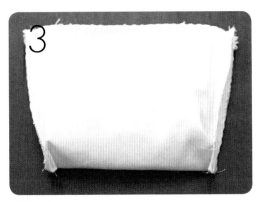

縫裡袋
裡袋的做法同步驟2表袋的做法。

縫蘋果
將蘋果配置在表袋的右下方,用透明線與蘋果麻繩上下縫合固定,可多繞幾圈使蘋果牢固在袋子上。

袋身的縫合

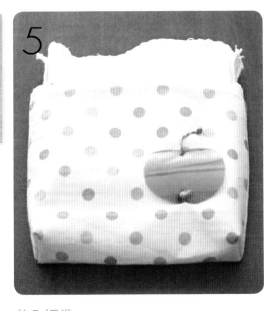

放入裡袋
將裡袋反面放入正面的表袋。

1.6cm　1.6cm

絲針固定
將提把兩端放入表袋與裡袋的中間,左右各1.6cm,可先用絲針固定。

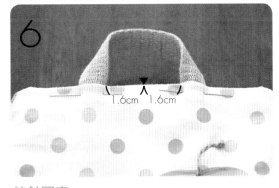

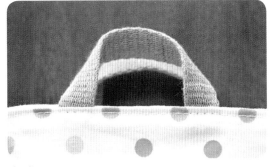

完成
將表袋與裡袋的袋口各內折1cm縫份後,與提把一起車縫一圈,小蘋果置物袋就完成囉。

可愛兔兒手機袋 <附有版型

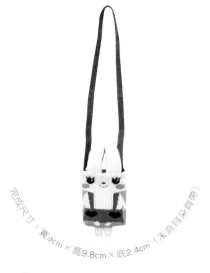

完成尺寸：寬9cm × 高9.8cm × 底2.4cm（未含耳朵背帶）

✂ 材料

袋身
1. 兔兒襪子一隻
2. 裡布袋身24×11cm一片
3. 薄襯24×11cm一片
4. 耳朵（前）：白色二片
5. 耳朵（後）：棕色二片
6. 小腳：白色四片
7. 蕾絲：70×1.5cm一條（背帶）
8. 棉花

工具
9. 線
10. 小剪刀
11. 針

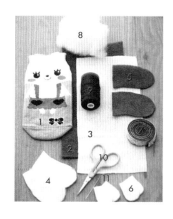

🧶 作法 Step by Step

耳朵、腳的作法

1 耳朵裡布 耳朵裡布 耳朵裡布 耳朵裡布 腳 腳 腳 腳

車縫耳朵、腳
將兩隻兔子耳朵裡布及表布正面相對，留1cm縫份後車縫，兩隻腳的裡布和表布也是正面相對，留0.5cm縫份後車縫。

修剪牙口
耳朵和腳都縫好後，修剪耳朵的牙口，距離縫份0.2cm處剪開，小心不要剪到車縫線。

2

每個牙口間隔約1cm，斜斜的剪另一刀，剪出一個三角形，拿掉碎布，牙口就剪好囉，修剪牙口可讓耳朵翻到正面時，耳朵弧形變的更完美喔！

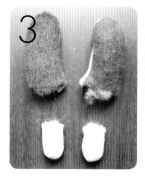

3

塞棉花
將耳朵、腳翻回正面後，塞入適量的棉花，使耳朵和腳又圓又飽滿。

外袋的作法

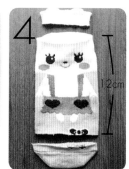

4

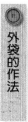

12cm

裁剪襪子
裁剪襪子的鬆緊帶及襪底，留下12cm的襪子作為袋身。

5 車縫襪邊

裁剪後，車縫上下的襪邊，以免襪子的邊緣鬆開，如果沒有裁縫機，也可以利用捲針縫，來防止襪邊鬆開。

裡袋的作法

6 熨燙裡布

將棕色裡布反面放上薄襯熨燙，使兩者能服貼結合，薄襯可選擇一面有上膠的布料，燙的時候有膠的那一面朝內面對棕色裡布，能讓作好的裡袋更固定，不會軟趴趴的喔。

7 對折後車縫

將裡布袋身對折，薄襯朝外，左右兩側各留1cm縫份後車縫。

8 對折作記號

將布往側邊對折，抓出三角形後，離袋角2cm處用消失筆畫上記號。（請參考P18立體袋型的作法）

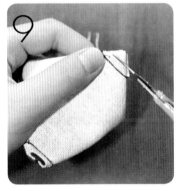

9 車縫後裁剪

照著記號處車縫後，離縫線1cm處剪掉多餘的布，裡袋完成！（請參考P18立體袋型的作法）

耳朵、腳、背帶與袋子的縫合

10 將袋子翻面放入小腳

將兔兒袋子翻到反面，在背面底部放入兩隻小腳，準備縫合，要注意頭、身體和腳的方向，不要放錯囉。

11 車縫雙腳

小腳放好後，留約1cm的縫份，將腳與袋底一起車縫一直線，注意腳是縫合在袋子的裡面，不是外面喔。

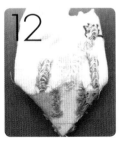

12 對折作記號

將襪子往側邊對折，袋底兩端折出三角形，離袋角2cm處用消失筆畫上記號。

13 車縫後裁剪

沿著記號處車縫一直線，留1cm的縫份後剪掉多餘的布，並車縫兩端的布邊，使袋型立體。

14

翻到反面

兩邊布邊車好了，兔兒袋就會變的立體，翻到正面再稍微整理一下，兔兒外袋完成！

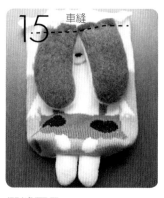

15 車縫

假縫耳朵

找出中心點，將耳朵分配在袋身表布，先假縫固定在表布的內側，等會兒要和蕾絲背帶一起車縫。

16

假縫背帶

接著將布條翻到正面，將兩側內折0.5cm車縫，布條即完成。

麻球教室

想增加蕾絲的厚度時，可另外再加縫一塊布條在蕾絲上，內折縫份後以平針縫固定，就能擁有漂亮的蕾絲背帶了！

17

套入裡袋

接著將布條翻到正面，將兩側內折0.5cm車縫，布條即完成。

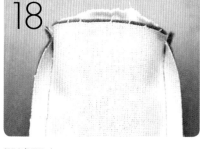

18

假縫固定

先由右側蕾絲背帶開始縫製到左側，這邊要注意車縫布邊後，襪子的布料較容易撐開，可以先用縮縫的方式讓襪子與裡布袋口位置一致後再進行假縫。

19

車縫後留返口

依照步驟18假縫的順序，離袋口1cm的縫份處，將耳朵、背帶和袋口一起車縫固定，記得要在後片留下6cm的返口喔。

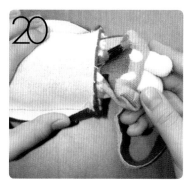

20

拉出身體及背帶

由返口拉出蕾絲背帶，兔兒的腳及身體。

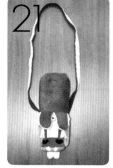

21

拉出裡袋

由返口拉出棕色裡袋，翻到正面後，兔耳朵也會跟著翻出來囉。

22

塞棉花

將棕色裡袋塞入後，翻到背面，從返口處塞入適量的棉花，讓兔兒頭形膨膨的更立體。

23

完成

最後將襪子和裡布都往內折1cm後，用隱針縫縫合開口處，可愛的兔兒手機袋就完成囉！

完成尺寸：寬15cm×高10cm（未含提把）

卡哇依手環包 附有版型

✂ 材料

袋身
1. 裡布（a）：17×12cm一塊
2. 裡布（b）：17×12cm一塊
3. 表布（A）：17×15cm一塊
4. 表布（B）：17×15cm一塊
5. 塑膠手環兩個
　（以自己的手能套進去為主喔）

工具
6. 布尺
7. 白色顏料
8. 鉗子
9. 剪刀
10. 極細水彩筆
11. 手縫針
12. 線

材料
13. 吸鐵釦1.4cm一組
14. 灰色小釦子一顆

🪴 作法 Step by Step

車縫布邊

1

裡布a　　　　裡布b

表布A　　　　表布B

表布和裡布車縫

依版型剪好布後，將表布（A）與裡布（a）正面相對反面1cm縫份處車縫，表布（B）與裡布（b）反面1cm縫份處車縫。

2

車縫

車縫左右兩邊

由表布與裡布中心點為準，表布反面的縫份內摺1cm後，車縫6cm，再由裡布中心點為準反面的縫份內摺1cm車縫至2cm處，左右兩側都要車縫。

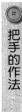

把手的作法

3

套入手環

將手環由表布正面套入。

4

車縫

先假縫固定

表布與裡布中心點留表布對摺2cm處先使用針線假縫會比較好製作，也能使用可彎軟式的珠針來固定，再用縫級機車縫也很方便。

5

車縫將把手固定

兩個手環都分別套入（A）（B）表布，袋口假縫後再車縫袋口。

麻球教室

如果顏料過濃可加一點點水,但不要加太多,以免顏料太稀而讓小花暈開。

用水彩筆畫上小花

在表布(A)正面適當的位置用水彩筆沾繪布用的白色顏料,畫上一朵可愛的小花,要多重覆塗幾次顏色才能均勻喔。

縫上灰色釦子

待顏料乾後,上面蓋一層布,稍微熨燙將花朵的顏料定色,接著用灰色繡線縫上灰色釦子作為裝飾。

剪二個小縫

在袋子的裡布(a)袋口的中心處,剪2個小縫後,裝入吸鐵釦(凹的那一面)。

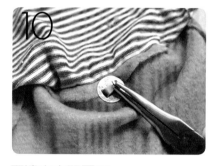

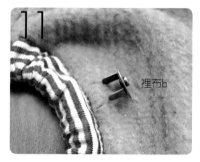

放入鐵片

翻到反面,將鐵片套入。

兩邊向中間壓平

用尖嘴鉗將兩邊的鐵片向中間下壓,使其固定。

另一邊放子釦

在裡布(b)袋口的中心剪2個小縫裝入吸鐵釦(凸的那一面)。

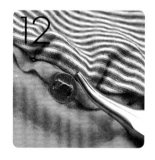

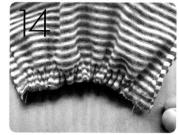

兩邊向中間壓平

翻到反面,放入鐵片後,用尖嘴鉗將兩邊的鐵片向中間下壓,使其固定。

將兩片表布車縫

翻到反面將兩片表布(A)(B)底部車縫。

用平針縫再縫一次袋底

表布的袋底車縫好後,再用平針縫縫一次袋底,輕輕拉線使袋底束起,縮短至7cm後打死結固定,讓整個袋型有一點圓圓的弧度。

將兩片裡布車縫

將兩片裡布（a）（b）底部車縫。

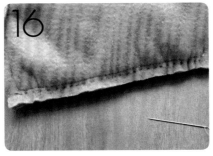

用平針縫縫袋底

反面將裡布（a）（b）兩片袋子側底，並選一側留返口，這樣翻到正面時會比較好翻。

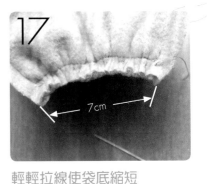

7cm

輕輕拉線使袋底縮短

輕輕拉線使袋底束起縮短至7cm後打死結固定，若要加強可用迴針縫或是車縫讓袋型固定。

袋身翻面縫合

翻到正面

由側面返口翻回正面。

縫合返口

用隱針縫法縫合返口的位置。

表裡布接縫

將兩側的四個收口，用隱針縫將表裡布接合固定。

打結固定

兩側的收口都縫合完成後，打上死結固定，剪掉多餘的線頭就完成囉。

麻球教室

你也可以這樣畫！

運用顏料的質感，用水彩筆畫出可愛的圖樣，雖然只是簡單的圖案，卻能為袋子加分，你也可以發揮創意試試看喔。

格子藍野餐包  附有版型

完成尺寸：寬42cm × 高26cm × 底11cm（未含提把）

✂材料

袋身
1. 表布袋身70cm×44cm一件
2. 裡布袋身56cm×44cm一片
3. 表布提把42cm×4cm二條（牛仔布）
4. 裡布提把42cm×4cm二條（圍裙的腰帶條）
5. 小布標4×6cm一片

工具
6. 線
7. 水彩筆
8. 小剪刀
9. 針
10. 藍色布用顏料

作法 Step by Step

表袋的作法

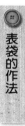

1

縫口袋

先將短腰圍裙的綁帶拆開，無須拆開原車縫的線，在口袋的袋口處用平針縫裝飾，頭尾的線頭可故意露出來，增添雜貨感。

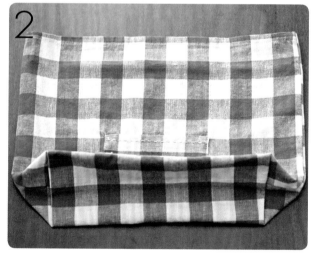

2

縫袋身

將表布反面對折後，留1cm縫份車縫左右兩側，從袋角11cm處折出三角形車縫一直線後，剪去多餘的布，翻到正面後就變成立體的袋型了（請參考P18立體袋型的作法）。

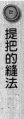

裡袋的作法

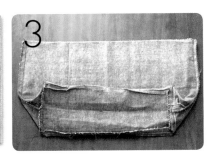

3

打袋底

將裡布反面對折後，車縫左右兩側做出立體袋型，不用留下返口（同步驟2）。

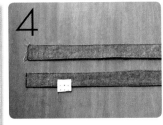

4

縫提把

將表布及裡布的提把往內折1cm縫份後，對齊後車縫兩邊，形成兩條提把，將小布標用平針縫縫在提把上裝飾。

5

點綴布標

用水彩筆在小布標上繪上點點圖案。

袋身與提把的縫合

6

7cm 7cm

配置提把

先用絲針將提把固定在表袋中心點左右各7cm處，接著將裡袋反面放入表袋（正面）。

7

車縫

內折車縫

將提把往內折1cm塞到表袋的袋口，再一起往下折車縫袋口一圈。

8

車縫   車縫

車縫造型

在提把上車縫正方形的造型，能固定提把又有造型功能喔。

9

縫上布條

在另一邊提把上縫上布條，布條可以套上鑰匙或手機，可以防止被偷竊，也很方便拿取喔

▲布條可以利用腰帶條來製作。

松鼠包 附有版型

完成尺寸：寬32cm×高45cm×底15cm（未含提把）

✂ 材料

袋身
1.表布袋身23.5cm×30cm二片
2.裡布袋身47cm×60cm一片
3.皮革提把55cm×2.6cm二條
4.小松鼠、鼻子、尾巴各一片

工具
5.麻繩
6.線
7.小剪刀
8.粗針
9.手縫針

🧶 作法 Step by Step

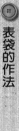

表袋的作法

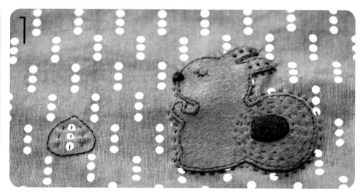

裝飾松鼠

用回針縫將松鼠縫在在袋身的右下方，縫上鼻子、尾巴，用平針縫縫上栗子及裝飾松鼠邊緣，用結粒繡裝飾松鼠的耳朵。

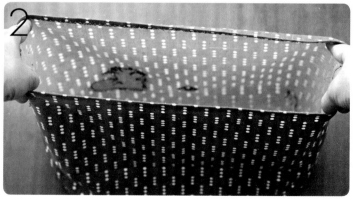

縫表袋

將餐墊長的那邊折開，將兩片車縫在一起，在兩端袋底15cm處折出三角形，車縫一直線後，剪掉多餘的布，做出立體袋型。

 麻球教室

利用雙面餐墊改作的包包，也可以用單片兩片餐墊來製作袋身，若尺寸與書中示範的尺寸不合，裡布就要另外畫紙型喔！

裡袋的做法

碎布的運用

縫裡袋

將裡布反面對折，留1cm縫份後車縫左右兩側，在右側留下10cm返口，離袋角15cm處折三角形車縫後，剪去多餘的布，裡袋就會變的立體囉。

做布標

剪下來的碎布，不要急著丟掉喔，只要在上面縫上英文字，縫在包包側邊，就變成了可愛的布標了，你也可以用平針縫裝飾縫份，更有純手感的風味喔。

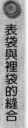
表袋與裡袋的縫合

 (7)

做吊飾

袋角剪下來的碎布，加以車縫後塞入棉花，畫上眼睛及嘴巴，就是一個可愛的吊飾了。

放入表袋

將表袋正面放進裡袋（反面），尤其表袋的長度比裡袋長，所以將表袋的袋口內折4cm縫份後在內折1cm覆蓋在裡袋，然後一起車縫袋口一圈。

拉出

從返口輕輕拉出表袋。

提把的縫法

整理袋型

整理袋角，讓表袋和裡袋的角能確實的對齊。

縫提把

將提把配置在袋子中心點左右個7cm處，用粗針穿過麻繩，從裡袋出針，用平針縫依1～6的順序將提把固定袋子上，在裡袋收針，使用粗針時要小心不要受傷了。

裝飾

最後繞上吊飾，超有手感的松鼠包就完成囉。

完成尺寸：寬33cm × 高25cm × 底6cm（未含提把）

小熊畫袋

✂ **材料**

袋身
1. 棕色表布前片：35×27cm一片
2. 棕色表布後片：35×27cm一片
3. 花花裡布前片：35×27cm一片
4. 花花裡布後片：35×27cm一片
5. 棕色前片口袋：35×20cm一片
6. 花花前片口袋：35×20cm一片
7. 棕色表布袋底：42.5×10cm二片
8. 花花裡布袋底：42.5×10cm二片
9. 皮革提把：32.5×2.5cm二條
10. 小熊圖一張

工具
11. 小剪刀　　　　14. 針插
12. 針　　　　　　15. 線
13. 絲針或珠針

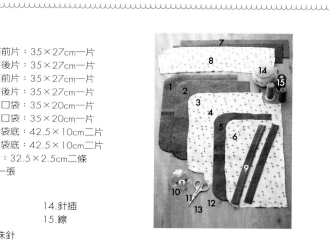

作法 Step by Step

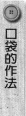
口袋的作法

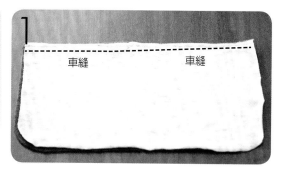

車縫口袋

將口袋的裡布和表布的正面皆朝下重疊，於反面車縫袋口，留1cm的縫份後車縫一直線。

取中間點車縫

將口袋布翻到正面，配置在棕色表布袋身的前片，接著找出中心點車縫一直線，就成了兩個口袋。

外袋的作法

車縫袋底表布

將兩片袋底表布正面相對後，左端留1cm縫份車縫。

加強固定

將袋底攤平，在剛剛車縫線的左右再各車縫一次，加強袋底的牢固。

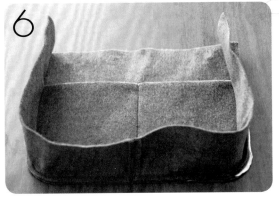

固定袋底和袋身

將袋底和步驟2的表布對齊後,用絲針暫時固定,等一下要準備車縫囉。

車縫袋身

車縫剛剛固定的袋底與表布,一邊車縫,一邊將絲針拿下,要注意每個絲針都要確實拿下,以免不小心被刺到囉。

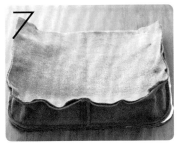

▲將袋子翻到正面,外袋就作好囉。

車縫另一片袋身

將棕色袋身的後片反面朝上,對齊放好後,也先用絲針固定,然後再車縫一圈。

裡袋車縫

將花花裡袋前片和花花裡布袋底對齊後,留1cm的縫份後車縫,同樣也是先用絲針固定,比較不容易車歪。

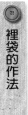

套入裡袋

將棕色外袋套入花花裡袋,正面對正面,將裡外袋的袋口對齊。

縫後片

接著將花花裡袋的後片也縫上去。

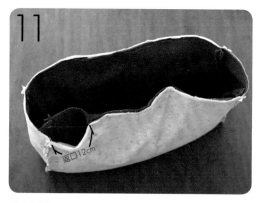

車縫袋口

對齊後 起車縫袋口，然後在左側留下12cm的返口。

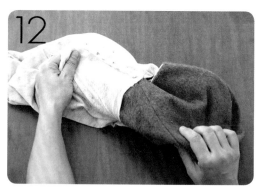

從返口拉出

從返口伸入袋內，由對角處的拉出棕色外袋，整理袋型。

塞入裡袋

將花花裡袋往棕色外袋塞入。

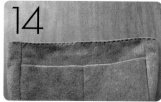

縫袋口

用平針縫法將袋口再縫一圈，不但能加強固定又能美化袋子喔。

裡袋的作法

6cm　6cm

找中心點

將提把配置在袋口中心點的左右各6cm處，可先用紙膠帶黏貼固定位置。

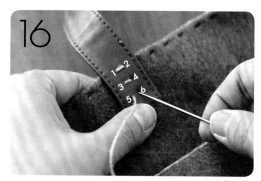

從返口拉出

將粗針穿好麻繩，由反面入針縫出「1」點，照順序由1縫到6，用粗針時要出一點力，每縫一針都要拉緊麻繩，提把才會牢固，使用粗針時要小心以免受傷喔。

裝飾

在圖案戳洞

從L夾剪下你喜歡的圖案，放在針插上，用手縫針將整圈戳洞，每個洞間隔約0.5cm，用平針縫將小熊縫上裝飾，可愛的小畫袋就完成囉。

紙型的小標示需知

→ 數字部份單位皆為「公分」
→ 包包周圍的縫份

如：

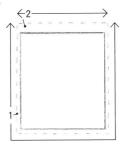

如：

- - - - → 裁切線
───── → 車縫線
↑ → 袋身正面、袋口的方向
←→ → 兩邊的方向，如：提把、袋底、布條
⊢⊣ → 長、寬的尺寸

▼P.148 格子藍點餐包

▼P.140 小蘋果置物袋

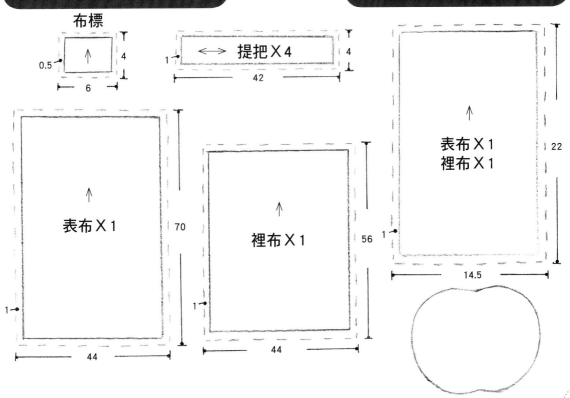

布標

表布×1　70

裡布×1　56

提把×4　42　4

0.5　6　4

表布×1　裡布×1　22

14.5

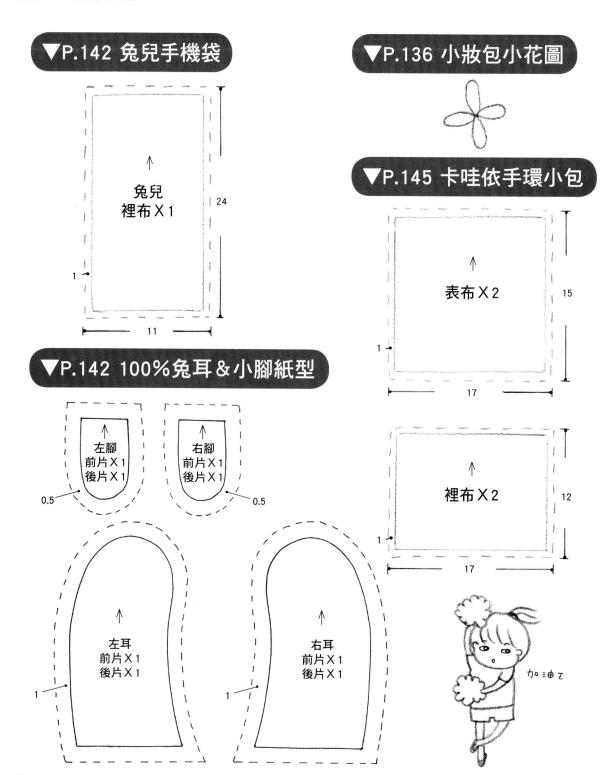

▼P.142 兔兒手機袋

兔兒
裡布 X1

24

1

11

▼P.142 100%兔耳＆小腳紙型

左腳
前片 X1
後片 X1

右腳
前片 X1
後片 X1

0.5

0.5

左耳
前片 X1
後片 X1

右耳
前片 X1
後片 X1

1

1

▼P.136 小妝包小花圖

▼P.145 卡哇依手環小包

表布 X2

15

1

17

裡布 X2

12

1

17

加油呦！

鳥居紡布匯

營業時間：週一～週五 9：00～18：00
　　　　　週六 10：00～18：00
地址＆電話：（1F）台北市民樂街71號 02-25521116
　　　　　　（2F）台北市迪化街永樂市場2F第五街2076室 02-25521180
E-Mail：he25521116@yahoo.com.tw
鳥居紡網站：www.niaopj.com

我們有提供：日本傳統布、少淑女布料、毛料、彈性布、先染布、格子、
　　　　　　條紋、包包鞋子用布、傢飾工藝用布

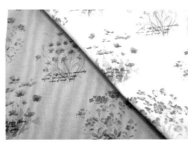

本店專賣日本當季流行布款價格實在又便宜，有空可來店裡逛逛唷!!

玩風格系列 16

國家圖書館出版品預行編目資料

100%手感風!布藝迷必備の日雜系原創布包DIY全圖解【森林女孩創意布包 全新修訂版‧附30款紙型＋20分鐘教學DVD】/ 麻球著. --初版. --新北市：蘋果屋, 檸檬樹, 2013.07

面； 公分. --（玩風格系列；16）

ISBN 978-986-6444-70-8（平裝附數位影音光碟）

1.手提袋 2.手工藝

426.7 102011248

100%手感風! 布藝迷必備の日雜系原創布包 DIY 全圖解

【森林女孩創意布包 全新修訂版‧附30款紙型＋20分鐘教學DVD】

作　　　者	麻球
執 行 編 輯	陳鳳如
攝　　　影	廖家威
封面/內頁設計	何偉凱 / 紅逗設計工作室

發 行 人	江媛珍
發 行 者	蘋果屋出版社有限公司（檸檬樹國際書版集團）
地　　址	新北市235中和區中和路400巷31號1樓
電　　話	02-2922-8181
傳　　真	02-2929-5132
電 子 信 箱	applehouse@booknews.com.tw
蘋 果 書 屋	http://blog.sina.com.tw/applehouse
臉書FACEBOOK	http://www.facebook.com/applebookhouse

社　　　長	陳冠蒨
總 編 輯	楊麗雯
副 主 編	陳宜鈴
編　　　輯	顏佑婷
日 文 編 輯	王淳蕙
美 術 組 長	何偉凱
美 術 編 輯	莊勻青
行 政 組 長	黃美珠

製版‧印刷‧裝訂	皇甫彩藝印刷股份有限公司
法 律 顧 問	第一國際法律事務所　余淑杏律師

代理印務及全球總經銷　知遠文化事業有限公司

地　　址：新北市222深坑區北深路三段155巷25號5樓
電　　話：02-2664-8800
傳　　真：02-2664-0490
博訊書網：www.booknews.com.tw

ＩＳＢＮ：978-986-6444-70-8
定　　價：350元
出版日期：2013年07月
劃撥帳號：19919049
劃撥戶名：檸檬樹國際書版有限公司
※單次購書金額未達1000元，請另付40元郵資。